移动开发技术丛书

Windows 8
开发实战体验

◎ 编著／周智勋

U0195417

海洋出版社

2013年·北京

内 容 简 介

Windows 8 是微软基于移动设备专门设计的操作系统。本书由具有丰富移动软件开发经验的作者编写，通过大量原创示例全方位介绍 Windows 8 商店应用程序的开发。

主要内容： 全书共 12 章，分别为开篇、XAML 的使用、应用程序页面和页面状态、控件、合约、文件和数据库、网络通信、通知、多媒体、地理位置和传感器、其他重要技能、应用程序的发布。

适用范围：

● Windows 8 初中级开发者参考用书

● 高等院校及社会培训机构教材

● 自学人员学习用书

图书在版编目(CIP)数据

Windows 8 开发实战体验/周智勋编著. —北京：海洋出版社，2013.8
ISBN 978-7-5027-8629-8

Ⅰ．①W… Ⅱ．①周… Ⅲ．①Windows 操作系统 Ⅳ.TP316.7

中国版本图书馆 CIP 数据核字（2013）第 183946 号

总 策 划：吕允英	**发 行 部**：（010）62174379（传真）（010）62132549
责任编辑：张翠嫘　张鹤凌	（010）68038093（邮购）（010）62100077
责任校对：肖新民	**网　址**：www.oceanpress.com.cn
责任印制：赵麟苏	**承　印**：北京画中画印刷有限公司
排　版：海洋计算机图书输出中心　晓阳	**版　次**：2013 年 8 月第 1 版
出版发行：海洋出版社	2013 年 8 月第 1 次印刷
	开　本：787mm×1092mm　1/16
地　址：北京市海淀区大慧寺路 8 号（716 房间）	**印　张**：13.5
100081	**字　数**：350 千字
经　销：新华书店	**印　数**：1～3000 册
技术支持：（010）62100059　hyjccb@sina.com	**定　价**：48.00 元（含 1CD）

本书如有印、装质量问题可与发行部调换

前　言

Windows 8 平台

自 2012 年 10 月 25 日微软正式发布 Windows 8 操作系统以来，该系统逐渐被开发者和用户认可，它定义了用户与移动终端设备交互的全新概念——以内容为导向，结合简单、迅速和快捷的操作方式。截至目前，包括微软自家的 Surface 平板电脑在内，市场上已经有许多搭载 Windows 8 操作系统的平板设备。在未来不久，微软会对 Windows 8 做发布以来最大的一次更新——Windows 8.1。

就目前的趋势来看，随着微软围绕 Windows 8 系统打造的生态圈，以及对合作厂商和开发者的大力支持，相信在不久的将来其在市场上的份额会逐步增加，并赢得开发者和消费者的青睐。微软对 Windows 商店的重视以及对开发者利益的保护，无疑会为微软、合作伙伴、开发者和用户带来巨大的利益，使得 Windows 8 操作系统在众多竞争平台中突出重围。

关于本书

自 Windows 8 开发者预览版发布以来，作者就开始筹备本书的写作，从出版社约稿、目录大纲的敲定，到初稿完成及修改完善，共花了近 10 个月时间。在写作本书过程中，结合了 Windows 8 操作系统的特点和作者多年的开发经验，书中的许多内容都是根据作者博客中的原创文章进行提炼、加工而成。同时为了确保内容的准确性和完整性，还查阅了微软 MSDN 上的相关资料及国外关于 Windows 8 开发的大量书籍。

学习指南

本书由 12 章组成，具体如下：

第 1 章首先介绍了 Windows 8 以及微软之前发布的重要操作系统，然后对 Windows 8 编程进行简要介绍，并通过对一个空的应用程序进行剖析和应用程序生命周期的讲解，开始真正的 Windows 商店应用程序编程之旅。

第 2 章是本书的基础章节，对 XAML 常见的一些用法进行了介绍，包括属性设置、属性值的继承、画刷、Content 属性、资源定义和访问以及 Style 的使用和继承。

第 3 章首先介绍了如何定制应用程序的启动画面，以及多个页面之间的导航和数据传递，然后讲解如何根据不同的状态，显示不同的页面。

第 4 章是本书的重点章节之一，结合 Windows 8 中可用控件的继承关系图，对常用和重要的控件进行了介绍，每个控件都给出了具体的使用示例代码。此外还介绍了如何自定义 Button，并通过一个图片浏览器程序介绍 FlipView 和 GridView 的结合使用。

第 5 章介绍了 Windows 8 引入的新概念——合约，详细讲解了其中 3 个重要的合约：搜索合约、共享合约和设置合约。

第 6 章是本书的重点章节之一，介绍了文件和数据库的相关知识，包括如何访问工程中、应用程序数据存储区中和库中的文件，以及如何利用文件选取器进行文件操作，如何对程序中的设置数据进行访问，最后介绍了在 Windows 商店应用程序中使用 SQLite 数据库的方法。

第 7 章同样是本书的重点章节之一，介绍了开发中涉及的网络知识，包括网络状态监测、本机 IP 地址获取、通过 HttpClient 进行 Get 和 Post 请求以及文件的下载，最后还介绍了 Web Services 和 Socket 编程。

第 8 章仍是本书的重点章节，介绍了 Windows 8 开发中常见的几种通知：Tile、Toast 和 Badge，其中 Tile 是 Windows 8 中最具特色的通知方式。

第 9 章介绍了多媒体相关知识，包括图片的变换、音频和视频的播放以及如何利用摄像头采集图片和视频。

第 10 章介绍了 Windows 8 中的地理位置，包括设备当前地理位置数据的获取，以及如何进行反向地理信息编码。此外还通过加速度计和罗盘介绍了 Windows 8 设备中传感器的使用方法。

第 11 章介绍了 Windows 8 开发中其他一些常用的技能，包括使用特定的程序打开文件、使用外部字体和上下文菜单以及锁屏背景图片的获取和设置。

第 12 章首先介绍了 Windows 应用商店，然后详细描述了开发者账号的申请、准备提交应用程序和提交应用程序的方法和过程。

例程代码

本书为每章（第 12 章除外）提供了丰富的示例代码，共有 48 个示例。读者配合这些示例代码，可以轻松学会书中的内容。示例代码可以在随书光盘中找到，也可以通过站点 https://github.com/BeyondVincent/WindowsStoreAppCode 进行免费下载。作者会对代码进行维护和更新。

感谢

本书在写作期间，得到了家人和朋友的理解与支持。特别要感谢我的未婚妻（王琼梅）在本书写作期间，对我的理解与支持，是她鼓励我，克服困难，完成本书。另外还要感谢公司同事给我的技术支持与人文关怀。最后还要感谢农镇雨和杨裕彪对本书的编写提出的意见和建议。

周智勋
2013 年 6 月 23 日

目　　录

第 1 章 开 篇

近年来，随着移动互联网的深入发展，用户对移动终端设备的需求呈现出迅速增长的趋势。由于移动终端设备的操作方式与 PC 截然不同，从用户的角度出发，希望移动终端设备的操作能够简单、迅速和快捷，并且以内容为导向。

微软公司于 2012 年 10 月 25 日正式发布了 Windows 8 操作系统。Windows 8 是一款具有颠覆性的操作系统。它定义了用户与设备交互的全新概念。Windows 8 从发布至今吸引了众多用户和开发者的目光。

本章，我们先来了解一下 Windows 8 以及微软之前发布的重要操作系统，然后对 Windows 8 编程进行简要介绍，并通过对一个空的应用程序的剖析和应用程序生命周期的讲解，开始真正的 Windows 商店应用程序编程之旅。

1.1 Windows 发展历程及 Windows 8 简介

为了更好地学习 Windows 8 开发，本节先来了解一下微软 Windows 发展中的几个重要里程碑，然后再对 Windows 8 进行介绍。

1.1.1 Windows 发展历程

Windows 是微软推出的操作系统，从 1985 年发布的 Windows 1.0，到现在的 Windows 8，Windows 的发展经历了许多历程，下面列出的版本是 Windows 发展中一些重要的里程碑。

- Windows 1.0（1985 年 11 月 20 日推出）：实际上是基于 DOS 系统的一个图形应用程序，微软也因此在计算机操作系统方面迈出了重要的一步。
- Windows 3.0（1990 年 5 月 22 日推出）：改善了用户界面，并开始支持多任务。
- Windows 95（1995 年 8 月 24 日推出）：在发布之后的两年里，该版本取得了空前的成功，并因此奠定了微软 Windows 在计算机操作系统中的地位。
- Windows xp（2001 年 10 月 25 日推出）：非常经典的一个版本，至今许多计算机上还在使用。
- Windows 7（2009 年 10 月 22 日推出）：该版本更易用、更快速、更简单、更安全、更廉价。
- Windows 8（2012 年 10 月 25 日推出）：Windows OS 中最大的改变，不是简单的版本升级。

上述几个重要版本的 Logo 如图 1-1 所示。从左到右，从上到下，分别为 Windows1.0、Windows3.0、Windows 95、Windows xp、Windows 7 和 Windows 8。

图 1-1 Windows 系列中重要版本的 Logo

关于 Windows 历程本节仅作上述简要介绍，如果读者感兴趣的话，可以到互联网上搜索更多相关信息。

1.1.2　Windows 8 介绍

正如本章开头提到的，现在用户对移动终端设备的需求量越来越多，并且希望移动终端设备在操作上能够简单、迅速和快捷。Windows 8 最大的变革，正是基于移动终端设备（特别是平板电脑）的这一特性。为了迎合用户的需求，微软在 Windows 8 的设计与研发上全力以赴，力图为用户打造出一个全新的操作系统，为人们提供高效易行的工作环境。

下面来看看 Windows 8 发展的重要里程碑。

- 2011 年 9 月，微软发布 Windows 8 DP（Developer Preview）版，宣布兼容移动终端，并将苹果的 iOS、谷歌的 Android 视为移动领域的主要竞争对手。
- 2012 年 2 月，微软发布 Windows 8 CP（Consumer Preview）版，可在平板电脑上使用。
- 2012 年 6 月，微软发布 Windows 8 RP（Release Preview）版。
- 2012 年 8 月，Windows 8 RTM（Release To Manufacturing）版编译完成。
- 2012 年 10 月，微软正式发布 Windows 8。

Windows 8 操作系统的开始屏幕如图 1-2 所示。

图 1-2　Windows 8 开始屏幕

从图 1-2 中可以明显地感觉到 Windows 8 的用户界面与之前 Windows 版本的巨大差别。下面，就来看看 Windows 8 的一些主要新特性。

1）从用户的角度来看

（1）磁贴

Windows 8 的开始屏幕功能与之前 Windows 版本的开始菜单类似，都是能启动某一个程序，不过开始屏幕还有更多的个性化功能。如图 1-3 所示，Windows 8 的开始屏幕是由许多方块组成的，这些方块被称为动态磁贴（Tile），用户可以自由调整这些方块的大小。通过点击磁贴，可以启动对应的程序。磁贴的另外一个重要功能就是内容的展现与更新。这体现出了 Windows 8 的一个重要设计原则——处处以内容为重。在本书的第 8 章，会对磁贴进行详细介绍。

图 1-3　Windows 8 开始屏幕中的磁贴

（2）沉浸式用户界面

Windows 8 之前版本的基本用户界面如图 1-4 所示，是以桌面为主的应用程序界面风格——该类风格的典型特征是操作系统由不同的文件和程序软件组成。在桌面之上，可以陈列出多个窗口，一个程序对应一个窗口，或者对应多个窗口。

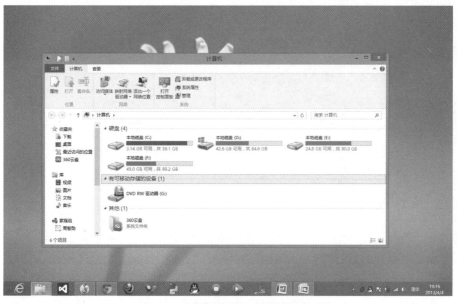

图 1-4　具有桌面概念的应用程序界面

Windows 8 应用商店的主界面如图 1-5 所示。可以看出，里面的程序像一个封闭的盒子，并且是没有边框的全屏显示，我们只能看到一个正在运行的程序界面。实际上，这种设计语言和风格是微软专门为 Windows 8 配备的，它是基于平面设计的，设计灵感来源于机场和地铁的指示牌。图 1-5 展现的信息可以概括为：大字体、强调信息、无冗余的界面元素。

图 1-5　Windows 8 应用商店的主界面

图 1-6 所示的是 Windows 8 中的天气程序，该程序以大号字体显示出天气信息，在程序中没有冗余的界面元素。

图 1-6　Windows 8 中的天气程序

从图 1-5 和图 1-6 可以明显地感觉到，当用户使用 Windows 8 商店应用程序时，是完全沉浸在整个程序中。在使用过程中，不会被别的程序干扰或者强制中断，从而不会对用户造成任何的纷扰。

2）从开发者的角度来看

（1）Windows 应用商店

微软为了保护开发者的收益，为开发者提供了销售应用程序的地方——Windows 应用商店。通过该商店，开发者不仅可以自由地销售程序，还可以将程序销往全球各地。

（2）支持多种编程方式

Windows 8 商店应用程序开发支持多种编程语言，其中最重要的 3 种编程方式为：XAML + C#/VB、XAML/DirectX + C++、HTML5 + JS + CSS。

Windows 8 对多种编程语言的支持，降低了开发者开发 Windows 8 商店应用程序的门槛，开发者可以利用之前已经掌握的语言来开发程序。在开发程序时，如何选择编程方式，将在 1.2.2 节进行介绍。

（3）支持多种芯片架构

Windows 8 支持 Intel、AMD 和 ARM 三种芯片架构，这意味着 Windows 8 将在更多的设备类型上运行，包括平板电脑和 PC。那么开发者开发出的程序，也将可以在多种设备类型上运行。

★ 提 示　本书提到的 Windows 商店应用程序是指具有 Windows 风格的程序，这不同于普通的 Windows 桌面程序。微软官网对什么是 Windows 商店应用程序做了详细的介绍：http://msdn. microsoft.com/en-us/library/windows/apps/hh974576.aspx。

1.2　Windows 商店应用程序编程概述

上小节我们对 Windows 8 做了一个简单的介绍。读者如果想获得更多的资料，可以去浏览微软官方网站。从本节开始，我们将真正进入 Windows 8 商店应用程序开发主题。

1.2.1　开发环境搭建

针对 Windows 商店应用程序开发，微软提供了整套的开发工具——Visual Studio Express 2012 for Windows 8。下面分别介绍 Windows 商店应用程序开发系统要求和环境搭建。

1）系统要求

（1）支持的操作系统

- Windows 8（x86 & x64）

（2）支持的架构

- 32 位（x86）
- 64 位（x64）

（3）硬件要求

- 1.6 GHz 或更快的处理器
- 1 GB RAM（如果在虚拟机上运行，则为 1.5 GB）
- 4 GB 可用硬盘空间
- 100 MB 可用硬盘空间（语言包）
- 5400 RPM 硬盘
- 支持 DirectX 9.0 的视频卡，以 1024×768 或更高显示分辨率运行

2）搭建开发环境

开发者可以通过下面步骤获取并安装 Visual Studio Express 2012 for Windows 8。

1 使用浏览器打开如下网址，进入如图 1-7 所示的 Visual Studio Express 2012 forWindows 8 下载首页：

http://www.microsoft.com/visualstudio/chs/products/visual-studio-express-for-windows-8

图 1-7　Visual Studio Express 2012 for Windows 8 下载首页

2 单击页面中的【下载】按钮，进入如图 1-8 所示界面。

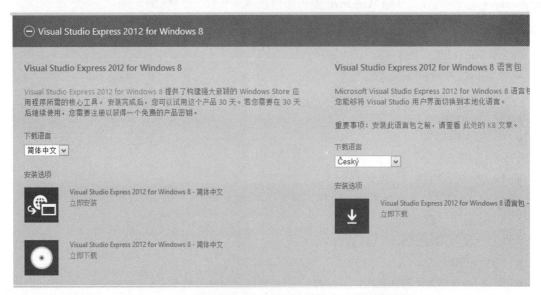

图 1-8　Visual Studio Express 2012 for Windows 8 下载界面

从图 1-8 左下角可以看到有两种安装方式。

- 立即安装：这种方式是通过在线安装的方式来安装 Visual Studio Express 2012 for Windows 8。
- 立即下载：这种方式则是将整个安装包文件下载到本地，然后再进行安装。

这里我们选择第一种方式进行安装。

3 单击图 1-8 中的【立即安装】按钮。之后会下载一个很小的文件（win8express_full.exe）到本地，如图 1-9 所示。

win8express_full.exe

图 1-9　在线安装的程序 win8express_full.exe

4 双击运行 win8express_full.exe 程序。程序启动后的界面如图 1-10 所示。

★提示　Visual Studio Express 2012 for Windows 8 的安装路径不可以修改。

5 在图 1-10 所示界面勾选"我同意许可条款和条件（T）。"复选框，然后单击【安装】按钮，开始在线获取程序并安装，如图 1-11 所示。

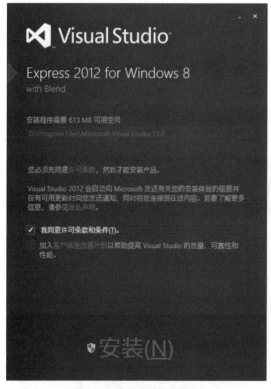

图 1-10　在线安装程序界面

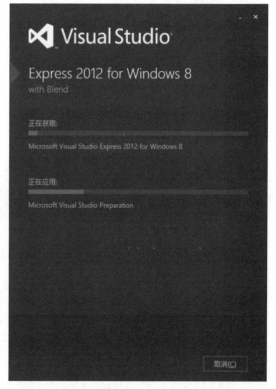

图 1-11　开始在线安装 Visual Studio Express2012 for Windows 8

6 过一段时间之后（大约 20 分钟），会出现如图 1-12 所示界面，表示 Visual Studio Express 2012 for Windows 8 安装完毕。此时单击【启动】按钮就可以启动 Visual Studio Express 2012 for Windows 8 了。

7 获取产品密钥。上一步单击了启动按钮之后，会弹出如图 1-13 所示界面。可以试用这个产品 30 天，若想 30 天后继续使用，则需要注册以获得一个免费的产品密钥。在此，我们可以联机注册，获取一个免费的产品密钥。

图 1-12 Visual Studio Express 2012 for Windows 8 安装完毕

图 1-13 Visual Studio Express 2012 for Windows 8 输入产品密钥

8 获取产品密钥后单击【下一步】按钮进入 Visual Studio Express 2012 for Windows 8 默认启动界面，如图 1-14 所示。

图 1-14 Visual Studio Express 2012 for Windows 8 启动后的默认画面

至此，Windows 8 商店应用程序开发环境就安装完毕了。在本书后面的章节中，会详细介绍 Visual Studio Express 2012 for Windows 8 的用法。

1.2.2 开发框架与编程语言

在上一小节中，我们把开发环境搭建好了。本小节将介绍 Windows 商店应用程序开发框架和编程语言的选择。

1）开发框架选择

如图 1-15 所示，在 Windows 8 中开发的应用程序分为以下两种类型。

① Windows 商店应用程序

② 桌面应用程序

图 1-15   Windows 8 应用程序开发框架

其中，桌面应用程序与之前 Windows 版本中的开发模式基本没有变化，这里重点介绍 Windows 商店应用程序的开发框架，它具有以下两个重要特点。

（1）Windows Runtime

在 Windows 商店应用程序中只有一个主要的 API 层，这就是 Windows Runtime，Windows Runtime 负责与 Windows Core OS Services 进行通信。开发者只需要与 Windows Runtime 交互即可。

（2）多语言的支持

正如 1.1.2 节中介绍的，Windows 商店应用程序开发很重要的一个特点就是在一个编程 API（Windows Runtime APIs）上对多种语言的支持。在 Windows 8 中，微软已经把基于 WPF 和 Silverlight 的 XAML 用本地语言重写了一遍，C++、C、C#和 VB 编写的应用程序 UI 界面可以用 XAML 来定义。另外，在 Windows 8 中，微软增强了 JavaScript 的功能，通过 JS Engine，JavaScript 可以与 Windows Runtime 提供的 APIs 进行交互。这样一来，众多开发者（特别是会利用 HTML 和 CSS 开发网站和网页的开发者）也可以结合 HTML/CSS 和 JavaScript 来开发 Windows 商店应用程序。

2）编程语言选择

由于 Windows 8 应用程序开发支持多种编程语言，那么在具体的开发过程中，开发者就需要在多种编程语言之间选择适合的一种。图 1-16 简要描述了如何选择编程语言。

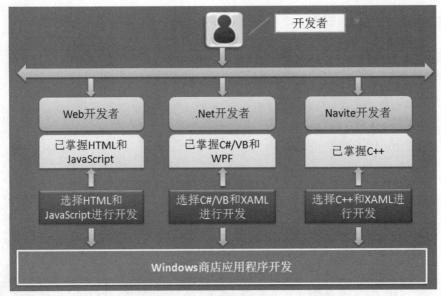

图 1-16　Windows 商店应用程序开发编程语言的选择

一般在创建应用程序时，是基于开发者已经掌握的技术；如果是在移植已有的应用程序，则主要基于原有程序的类型。

下面是在选择编程语言时需要注意的一些细节。

① 根据开发者已经掌握的技术做决定。如果擅长于 JavaScript，那么建议选择 HTML5 和 JavaScript 作为编程语言。如果之前创建过 Windows Phone 程序或者 WPF 程序，那么使用 C#/VB 和 XAML 语言进行开发会更好。

② 在决定移植程序时，则需要好好考虑一番。这种情况下，不能依赖所掌握的技术，而主要取决于将要移植的程序的类型。如果要将 Windows Phone（Windows Phone 8 以前的版本）程序进行移植，那么必须选择使用 C#和 XAML，这样之前的代码和功能才能重用，如果 Windows Phone 程序使用了类似 MVVM 的设计模式，那么可以在程序中使用对应的设计模式。而如果需要移植基于 C++开发的游戏引擎等，就需要使用 C++和 XAML 了。

③ 如果既掌握 Web 开发，也熟悉 C#和 XAML 开发，那么建议使用 HTML5 和 JavaScript 进行程序开发。因为 JS Engine 提供的控件与 XAML 控件一样，不用额外去编写控件。

④ 如果要创建高效的游戏程序，那么建议考虑使用 C++和 XAML。

⑤ 如果曾是.Net 开发者，并且也熟练掌握 HTML 和 JavaScript，建议使用 C#和 XAML。开发程序时会发现，这与.Net 开发非常相似。例如，可以使用相同的设计模式（例如 MVVM 等）来创建程序。

通过上面的分析，相信在开发过程中应该如何在开发中选择编程语言，读者已经心中有数了。

提示　本书中笔者采用的是 C# + XAML 编程语言。由于 Windows Runtime 提供的 API 能够用于多种编程语言，所以读者可以很容易地将书中介绍的内容使用其他语言实现。

1.2.3　一个空的应用程序

在 1.2.2 节中，我们已经对开发框架和编程语言的选择有了基本的了解。下面我们利用 Visual Studio 2012 来创建一个空白的 Windows 商店应用程序，并对程序中每个文件的作用进行详细的介绍。

1）创建空白应用程序

1 打开 Visual Studio Express 2012 for Windows 8，选择"文件"→"新建项目"，如图 1-17 所示。

2 选择新建项目之后，会弹出一个新建项目对话框，如图 1-18 所示。

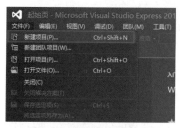

图 1-17 从菜单中新建一个
Windows 商店应用程序

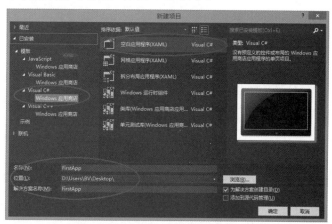

图 1-18 新建项目对话框

在图 1-18 中，可以看到，左边已经安装的模板语言有 JavaScript、Visual Basic、Visual C#和 Visual C++四种。这里我们选择 Visual C#中的 Windows 应用商店模板。选择完模板之后，在对话框的中间，会列出可以创建的应用程序模板列表。这里选择第一个——空白应用程序（XAML）模板。然后在对话框的底部，将程序命名为"FirstApp"，并选择一个存储程序的位置（这里选择的是桌面）。解决方案名称使用默认的，不用修改。

3 按照上面的提示完成设置之后，单击对话框右下角的【确定】按钮。此时就可以在 Visual Studio 2012 中看到创建好的程序了，如图 1-19 所示。

图 1-19 创建好的一个 Windows 商店应用程序

在图 1-19 中，默认情况下，工具栏下面的左边是代码编辑区，大多数时间我们都是通过这个区域来编写相关的代码。右边则是解决方案资源管理器，默认显示整个程序对应的文件和相关属性。下面主要介绍程序中每个文件的作用。

2）程序文件的作用

将 FirstApp 包含的所有文件都展开后，如图 1-20 所示。下面来看看每个文件的具体作用。

- AssemblyInfo.cs：该文件在 Properties 目录下。这个文件包含应用程序集的相关信息。比如版本号、标题、描述等。

图 1-20　一个空的应用程序包含的所有文件

★ 提 示　这些值是为程序集准备的。程序中所有的官方名称等都存储在 manifest 文件中，后面会有介绍。

- 引用目录：默认情况下，有两个引用：.NET for Metro style apps 和 Windows Metro，应用使用简装版的.NET 框架库。
- 图片文件：包括 Logo.png、SmallLogo.png、SplashScreen.png 和 StoreLogo.png。各图片文件的作用和尺寸见表 1-1。

表 1-1　程序中默认图片的作用和尺寸

图片名称	图片作用	图片大小/像素×像素	备 注
Logo.png	主要用于开始屏幕中，是程序磁贴默认的背景图片	150×150	
SmallLogo.png	应用程序列表显示时应用该图片。例如，在 Windows 8 中搜索一个应用程序时显示出的图片，如图 1-21 所示	30×30	由于 SmallLogo.png 的尺寸很小，所以建议开发者只用一个 logo 或者有意义的图片，如同图 1-21 显示出来的那些图片一样
SplashScreen.png	初始化图片，当程序启动的时候，会在屏幕正中（垂直和水平都居中）加载并显示这个图片	620×300	在本书的第 3 章会介绍程序启动画面的一些技巧
StoreLogo.png	用在商店中。为了在商店中节省一点空间，没有直接使用 Logo.png，而是需要开发者提供更小一点的图片	50×50	虽然 StoreLogo.png 只有 2500 像素，但是这个图片非常重要：当用户在商店中决定是否安装某个程序时，显示在商店中对应程序的图片质量的好坏在一定程度上决定着用户的安装意愿。所以，在这个图片上多花点时间是值得的

- StandardStyles.xaml：这个文件有 1830 行代码，文件里面提供了许多默认的 XAML 样式。这些样式可用于文本框、单选按钮、应用程序栏等。建议读者慢慢地熟悉文件中的样式。另外，读者还可以根据自己的需求来修改或添加这些样式，在该文件中修改的样式，可用于整个程序中。

下面的代码是摘自 StandardStyles.xaml 文件的一个样式：

```
<Style x:Key="BasicTextStyle" TargetType="TextBlock">
    <Setter Property="Foreground" Value="{StaticResource ApplicationForegroundThemeBrush}"/>
```

```
<Setter Property="FontSize" Value="{StaticResource ControlContentThemeFontSize}"/>
<Setter Property="FontFamily" Value="{StaticResource ContentControlThemeFontFamily}"/>
<Setter Property="TextTrimming" Value="WordEllipsis"/>
<Setter Property="TextWrapping" Value="Wrap"/>
<Setter Property="Typography.StylisticSet20" Value="True"/>
<Setter Property="Typography.DiscretionaryLigatures" Value="True"/>
<Setter Property="Typography.CaseSensitiveForms" Value="True"/>
</Style>
```

图 1-21　搜索程序时显示的 SmallLogo.png 图片

　　该样式是用于 TextBlock 的，从代码中可以看出该样式定义了 TextBlock 的背景、字体大小、字体和文字是否换行等属性。

★提示　在 StandardStyles.xaml 文件中添加自己的样式能够在整个程序中使用，这归功于 App.xaml 文件。下面就来看看 App.xaml 文件。

- App.xaml：实际上，这个文件是程序运行的起点。当程序启动时，首先加载的就是这个文件，它包含了应用程序级别的资源和设置信息。默认情况下，这个文件包含了一行重要的代码：

```
<ResourceDictionary Source="Common/StandardStyles.xaml"/>
```

　　这行代码表示以 ResourceDictionary 的方式加载 StandardStyles.xaml 文件，这样可以确保程序中的每个页面都能使用 StandardStyles.xaml 中定义的样式。App.xaml 真正的魔力是在后端代码 (code-behind) 文件中：App.xaml.cs。下面我们来看看这个文件。

- App.xaml.cs：如果熟悉 Windows Phone 开发的，那么肯定知道这个文件与 Windows Phone 中的一样，是程序运行的起点。应用程序启动的方法就在这里，比如 OnLaunched( )。这个文件同样是设置启动页面的地方。在 OnLaunched( ) 方法中，可以看到类似下面的几行代码：

```
……
if (!rootFrame.Navigate(typeof(MainPage), args.Arguments))
{
thrownew Exception("Failed to create initial page");
}
……
```

其中，"MainPage"这个参数涉及到后面将要介绍的 MainPage.xaml 文件。

App.xaml.cs 文件还负责管理应用程序的生命周期，关于应用程序的生命周期，将在 1.2.4 节中进行详细介绍。

- FirstApp_TemporaryKey.pfx：每一个 Windows 商店应用程序都使用证书进行签名。在 Visual Studio 中第一次创建新的工程时，会自动创建一个测试证书。在这里，FirstApp_Temporary-Key.pfx 就是 FirstApp 的测试证书。在 package.appxmanifest 文件的打包（Packaging）选项中，如果需要，还可以创建一个新的测试证书。

- MainPage.xaml：这个文件是应用程序的默认"主页"。当启动画面加载完毕后，用户第一眼看到的界面就是 MainPage.xaml。在默认的工程中，MainPage.xaml 文件里面仅包含了名称空间的声明和一个 Grid 控件。具体代码如下：

```
<Page
    x:Class="FirstApp.MainPage"
    xmlns="http://schemas.microsoft.com/winfx/2006/xaml/presentation"
    xmlns:x="http://schemas.microsoft.com/winfx/2006/xaml"
    xmlns:local="using:FirstApp"
    xmlns:d="http://schemas.microsoft.com/expression/blend/2008"
    xmlns:mc="http://schemas.openxmlformats.org/markup-compatibility/2006"
    mc:Ignorable="d">
    <Grid Background="{StaticResource ApplicationPageBackgroundThemeBrush}">
    </Grid>
</Page>
```

- MainPage.xaml.cs：与 MainPage.xaml 类似，这个文件实际上也是空的。只有一个页面的构造函数和一个 OnNavigatedTo( )事件处理函数。代码如下：

```
using System;
using System.Collections.Generic;
using System.IO;
using System.Linq;
using Windows.Foundation;
using Windows.Foundation.Collections;
using Windows.UI.Xaml;
using Windows.UI.Xaml.Controls;
using Windows.UI.Xaml.Controls.Primitives;
using Windows.UI.Xaml.Data;
using Windows.UI.Xaml.Input;
using Windows.UI.Xaml.Media;
using Windows.UI.Xaml.Navigation;
// "空白页"项模板在 http://go.microsoft.com/fwlink/?LinkId=234238 上有介绍
namespace FirstApp
{
```

```
/// <summary>
/// 可用于自身或导航至 Frame 内部的空白页。
/// </summary>
public sealed partial class MainPage : Page
{
    public MainPage()
    {
        this.InitializeComponent();
    }
    /// <summary>
    /// 在此页将要在 Frame 中显示时进行调用。
    /// </summary>
    /// <param name="e">描述如何访问此页的事件数据。Parameter
    /// 属性通常用于配置页。</param>
    protected override void OnNavigatedTo(NavigationEventArgs e)
    {
    }
}
```

MainPage.xaml.cs 文件是与 MainPage.xaml 对应的。实际上，可以理解为 MainPage.xaml 是 MainPage 类的一部分。一般 MainPage.xaml 负责 UI 界面的设计，MainPage.xaml.cs 负责 UI 界面的事件响应和相关业务逻辑等。当然，在 MainPage.xaml.cs 实现 UI 界面也是可以的。

● Package.appxmanifest：这个文件包含了程序的配置、设置和声明信息。例如，在这里可以将搜索合约（search contract）设置为可用，或者设置不同情况下的图标。它同样定义了默认的背景色、方向和程序需要的特殊功能，如位置访问。对于读者来说，确保熟悉这个文件，以后会经常用到。图 1-22 是 Package.appxmanifest 文件中应用程序 UI 选项的截图。

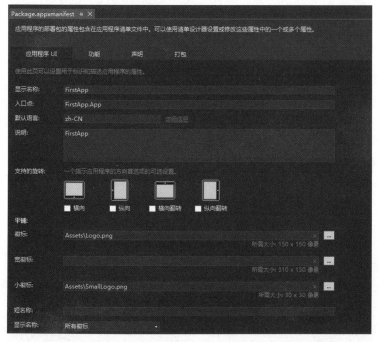

图 1-22　Package.appxmanifest 文件中应用程序 UI 选项的截图

从该图可以看出，在这个文件中，可以设置程序的显示名称、入口点、默认语言和支持的旋转等许多与程序相关的配置信息。本书后面介绍的很多内容会与 Package.appxmanifest 文件相关。

1.2.4 应用程序生命周期

1）生命周期简介

生命周期对于 Windows 商店应用程序非常重要。在 Windows 8 中，要想给用户提供一个无缝的用户体验，开发者需要结合应用程序的生命周期来对程序中的一些数据进行保存和恢复。图 1-23 是 Windows 商店应用程序执行状态之间的转换关系。

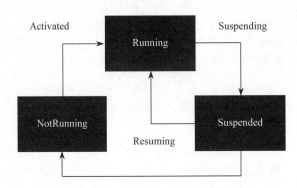

图 1-23　应用程序执行状态之间的转换关系

在上图中，显示了程序 3 个状态间的转换，具体说明如下。

- NotRunning：当应用程序刚刚部署到设备中，或者程序被终止等时，程序处理的是 NotRunning 状态。
- Running：当用户点击开始屏幕中的程序磁贴时，应用程序会被激活，程序加载完毕后，显示出主画面，这时程序处于 Running 状态。
- Suspended：当用户切换到别的程序，或者在系统资源紧缺的情况下，由系统将程序切换到后台，这时程序将进入 Suspended 状态。在 Suspended 状态时，如果用户再次切回程序，那么会触发 Resuming 时间，进而恢复到 Running 状态。如果过了一段时间，由于系统资源紧缺，系统会将 Suspended 状态的程序终止掉，那么程序将处于 NotRunning 状态。

由于程序会在这 3 种状态之间转换，为了提供无缝的用户体验，当应用程序由 Running 状态进入 Suspended 状态时，需要把相关用户数据保存起来。当用户将程序切回 Running 状态时，再把之前保存的数据加载到程序中，这样就能够给用户很好的体验。

应用程序生命周期中的这些状态，有两种处理方式：应用程序级别和页面级别。

- 应用程序级别：应用程序级别的处理方式在 1.2.3 节中提到的 App.xaml.cs 文件中。具体涉及以下两个方法。

OnLaunched：当程序正常启动时，会调用这个方法，不过如果程序是从 Suspended 状态恢复回来的话，是不会调用这个方法的。此时如果要完成数据的恢复，则需要到对应的页面中进行处理，也就是接下来要介绍的页面级别处理方法。

OnSuspending：当程序休眠的时候，会调用这个方法。如果页面中注册了 Suspending 事件，那么先调用 App.xaml.cs 中的 OnSuspending，再调用页面中的事件。

- 页面级别：页面级别的处理一般是处理某个页面中的状态。比如说对当前页面中的数据进行管理。通常处理方法是在页面的 OnNavigatedTo 方法中注册 Resuming 和 Suspending 事件，当离开页面时，在 OnNavigatedFrom 方法中对这两个事件取消注册。

2）生命周期示例

下面我们来看一个例子：AppLifeTime。在 AppLifeTime 程序中，App.xaml.cs 文件里面的 App 方法已经默认注册了 OnSuspending 方法。代码如下：

```
public App()
{
    this.InitializeComponent();
    this.Suspending += OnSuspending;
}
```

在 OnSuspending 方法中，笔者把当前时间保存到应用程序的设置中。代码如下：

```
private void OnSuspending(object sender, SuspendingEventArgs e)
{
    ApplicationData.Current.LocalSettings.Values["suspendedDateTime"] = DateTime.Now.ToString();
    var deferral = e.SuspendingOperation.GetDeferral();
    deferral.Complete();
}
```

在页面 MainPage.xaml.cs 的 Grid 中添加两个控件，用来接收用户输入的数据和显示程序 Suspended 的时间。代码如下：

```
<Grid Background="{StaticResource ApplicationPageBackgroundThemeBrush}">
    <TextBox Name="MyText" Margin="486,236,475,406"/>
    <TextBlock Name="Message" Margin="486,408,475,234"/>
</Grid>
```

另外，在 MainPage.xaml.cs 中，手动注册 Current_Suspending 和 Current_Resuming 两个方法。代码如下：

```
protected override void OnNavigatedTo(NavigationEventArgs e)
{
    Application.Current.Suspending += Current_Suspending;
    Application.Current.Resuming += Current_Resuming;
}
```

在 Current_Suspending 方法中，将用户输入的内容保存到程序设置中。代码如下：

```
void Current_Suspending(object sender, Windows.ApplicationModel.SuspendingEventArgs e)
{
    ApplicationData.Current.LocalSettings.Values["customTextValue"] = MyText.Text;
}
```

在 Current_Resuming 中，将休眠时保存的时间和用户输入的数据恢复显示出来，代码如下：

```
void Current_Resuming(object sender, object e)
{
    Message.Text = "已经恢复. Suspended 于" +
ApplicationData.Current.LocalSettings.Values["suspendedDateTime"];
    MyText.Text = ApplicationData.Current.LocalSettings.Values["customTextValue"].ToString();
}
```

最后，离开页面时，将之前注册的两个事件取消掉。代码如下：

```
protected override void OnNavigatingFrom(NavigatingCancelEventArgs e)
{
    Application.Current.Resuming -= Current_Resuming;
    Application.Current.Suspending += Current_Suspending;
}
```

上面就是所有相关示例代码和功能介绍。下面看看如何调试该示例程序。

3）生命周期示例调试

由于让 Suspended 和 Resumed 状态自动发生很困难，所以微软为我们提供了一个很便利的工具在程序中模拟这些状态的发生——调试位置。可以通过视图→工具栏→调试位置打开这个工具，如图 1-24 所示。

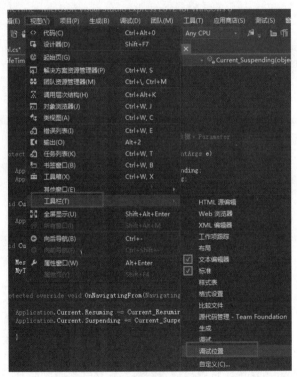

图 1-24　打开调试位置工具

调试工具如图 1-25 所示。在模拟状态转换时，需要在调试时才可以进行状态切换。通过调试→启动调试【F5】可以开始程序调试。启动调试之后，可以看到调试工具中的状态切换能够使用了，如图 1-26 所示。

图 1-25　不可用的调试状态切换

图 1-26　可以进行状态切换

在图 1-26 中，有 3 个可选项：挂起（Suspended）、继续（Resumed）和挂起并关闭（Suspend and shutdown）。具体说明如下。

- 挂起（Suspended）：会立即将程序设置为 Suspended 状态。在程序停止运行之前，还会触发 Suspended 事件处理函数。
- 继续（Resumed）：会将程序从 Suspended 状态恢复出来。如果程序没有 Suspended，则不会发生任何事情。
- 挂起并关闭（Suspend and shutdown）：会模拟 Windows 终止应用程序。首先会进入 Suspended 状态，然后完整地关闭应用程序。

在这里我们选择相应的选项，就可以让程序进入对应的状态了。比如，选择了挂起，那么程序将进入 Suspended 状态；如果在 Current_Suspending 方法中设置了断点，那么程序会在断点处停下来，如图 1-27 所示。

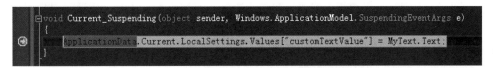

图 1-27　程序 Suspended 停留在断点处

图 1-28 显示的是当程序启动后（从 NotRunning 到 Running 状态），在输入框输入"生命周期测试程序"。图 1-29 显示的是当程序 Resumed 后（从 Suspended 到 Running 状态）显示的界面，可以看到在界面底部有相关时间信息。

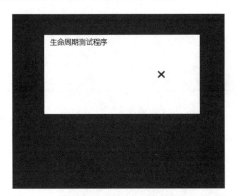

图 1-28　程序从 NotRunning 到 Running 状态

图 1-29　程序从 Suspended 到 Running 状态

1.3　结束语

本章首先介绍了 Windows 的发展历程，并对 Windows 8 做了简要描述。其次概述了 Windows 商店应用程序编程的相关知识。在 Windows 商店应用编程中，只需要安装 Visual Studio Express 2012 for Windows 8 就可以进行程序开发了。另外，还给出了 Windows 8 开发框架和编程语言的选择建议。接着，笔者通过剖析一个空的应用程序，帮读者清晰地了解一个应用程序中的文件组成和各自作用。最后，介绍了程序开发中一个重要的概念——应用程序生命周期。

通过本章的学习，相信读者对 Windows 8 开发有了一个大致的认识。在下一章中，将介绍 XAML 的常见使用方法。

第2章 XAML 的使用

在 C#+XAML 的开发模式中，XAML 主要用来进行用户界面的开发，其在 Windows 商店应用程序开发中，发挥着非常重要的作用。本章我们就来学习 XAML 的使用方法。

2.1 XAML 介绍

XAML 发音为"Zamel"，全称为"eXtensible Application Markup Language"，中文叫做"可扩展应用程序标记语言"，是由微软创建的界面描述语言。该语言基于 XML，主要用来构建应用程序的用户界面，由 XAML 构建的用户界面可以很轻易地将其与程序的业务逻辑部分分离。通过 XAML，开发人员和设计人员可以很方便地单独进行程序逻辑开发和界面设计，并且开发人员和设计人员之间的沟通更加方便快捷。

★ 提示　设计人员可以使用微软提供的工具 BlendforVisualStudio2012 进行界面设计。

通过微软提供的开发工具 VisualStudio2012，开发人员利用 XAML 进行界面开发时，可以实时看到 XAML 代码对应的界面效果，如图 2-1 所示，上半部分为界面效果，下半部分为界面效果对应的代码。

图 2-1　XAML 代码对应的界面效果

在图 2-1 中，首先定义了一个绿色背景的 Grid，然后将一个 TextBlock 居中放置在 Grid 中，并为这个 TextBlock 设置了一些属性值。下面，就来看看 XAML 中属性的设置。

2.2　属性设置

在 XAML 中属性的设置有两种方法：第一种是通过 XAML 中元素（Element）的 attribute 进行设置；另外一种则是通过 property element（属性元素）进行设置。通过 attribute 设置是很常见的一种方法，当然属性元素在 XAML 中也非常重要。下面就分别来看看这两种方法如何使用。

1）通过 attribute 设置

下面的代码就是通过 attribute 来设置属性值。其中，TextBlock 是一个对象元素，在 TextBlock 里面的 FontStyle、Text、HorizontalAlignment、VerticalAlignment 和 FontSize 都属于 attribute，通过这些 attirbute，就能完成 TextBlock 属性的设置。

```
<TextBlock
    FontStyle="Normal"
    Text="你好！"
    HorizontalAlignment="Center"
    VerticalAlignment="Center"
    FontSize="150">
</TextBlock>
```

上面代码的界面效果如图 2-2 所示。

2）通过 property element 设置

在下面的代码中，FontSize 就是通过 property element 进行设置的。可以看到，这种设置方法是通过一个元素名 TextBlock 加上属性名 FontSize 实现的，中间用"."隔开。

图 2-2　通过 attribute 设置属性值

```
<TextBlock
    FontStyle="Normal"
    Text="你好！"
    HorizontalAlignment="Center"
    VerticalAlignment="Center">
    <TextBlock.FontSize>
        150
    </TextBlock.FontSize>
</TextBlock>
```

上面代码得到的界面效果与图 2-2 一样。

★提示　一个属性值只能通过上面的其中一种方法进行设置，如果同时使用了两种方法会出错。如下代码所示，会提示"已多次设置属性 FontSize"：

```
<TextBlock
    FontStyle="Normal"
    Text="你好！"
    HorizontalAlignment="Center"
    VerticalAlignment="Center"
    FontSize="150">
    <TextBlock.FontSize>
```

```
        150
    </TextBlock.FontSize>
</TextBlock>
```

2.3 属性值的继承

在 XAML 中，元素的属性值是可以继承的。通过继承，可视化树中的子元素可以使用父元素特定属性的值。

如下面代码所示，在 Page 中定义了 FontFamily 和 Foreground，并在其子元素 Grid 中放置了一个 TextBlock 元素，该元素继承使用了 Page 中定义的两个属性的值：FontFamily="宋体"和 Foreground="Red"。

```
<Page
    x:Class="XAMLSyntax.PropertyInherit"
    xmlns="http://schemas.microsoft.com/winfx/2006/xaml/presentation"
    xmlns:x="http://schemas.microsoft.com/winfx/2006/xaml"
    xmlns:local="using:XAMLSyntax"
    xmlns:d="http://schemas.microsoft.com/expression/blend/2008"
    xmlns:mc="http://schemas.openxmlformats.org/markup-compatibility/2006"
    mc:Ignorable="d"
    FontFamily="宋体"
    Foreground="Red">

    <Grid Background="Green">
        <TextBlock
            Text="Windows 8！"
            HorizontalAlignment="Center"
            VerticalAlignment="Center"
            FontSize="150">
        </TextBlock>
    </Grid>
</Page>
```

上面代码的界面效果如图 2-3 所示。

图 2-3　属性值的继承

★ 提 示　如果不希望使用父元素中的属性值，可以在子元素中设置相应的属性值。

2.4 Brush（画刷）

在 XAML 中，继承自 Control 的元素一般都有 Foreground 和 Background 两个属性。这两

个属性分别用来设置元素的背景和前景，它们的类型为 Brush（画刷）。Brush 的继承关系如图 2-4 所示。

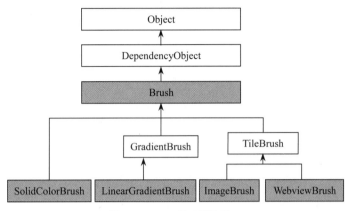

图 2-4　Brush 的继承关系

可以看出，只有 4 个 Brush 可以实例化：SolidColorBrush、LinearGradientBrush、ImageBrush 和 WebViewBrush。前 3 个画刷定义在 Windows.UI.Xaml.Media 中，而 WebViewBrush 定义在 Windows.UI.Xaml.Controls 中。

⭐【提 示】　继承自 Control 的元素不一定都向外界提供 Foreground 和 Background 属性，例如，Grid 控件只向外界提供 Background 属性，而 TextBlock 只有 Foreground 属性。

下面分别看看如何使用这些画刷。

1）SolidColorBrush

该类表示使用纯色（例如红色、绿色等）来绘制界面的指定区域。如下代码是设置 Foreground 值最直接的方法：

```
<TextBlock
    Text="Windows 8!"
    Foreground="Red"
FontSize="150"
VerticalAlignment="Center"
HorizontalAlignment="Center"
    />
```

在上面的代码中将 Foreground 设置为"Red"。该"Red"值类型为 Windows.UI.Colors，在实际运行的时候，会根据"Red"值实例化一个 SolidColorBrush 并赋值给 Foreground。上面代码中对 Foreground 的设置，如果按照属性元素方法进行，则如下代码也可以获得相同的界面效果：

```
<TextBlock
    Text=" Windows 8!"
    FontSize="150"
    VerticalAlignment="Center"
    HorizontalAlignment="Center">
    <TextBlock.Foreground>
```

```
        Red
    </TextBlock.Foreground>
</TextBlock>
```

如果需要在 XAML 中明确指定使用 SolidColorBrush 对 Foreground 进行赋值，可以通过下面的方法（虽然通过这样方式进行赋值比较麻烦，但这是一种正确可行的方法）完成：

```
<TextBlock
    Text="Windows 8!"
    FontSize="150"
    VerticalAlignment="Center"
    HorizontalAlignment="Center">
    <TextBlock.Foreground>
        <SolidColorBrush Color="Red"/>
    </TextBlock.Foreground>
</TextBlock>
```

上面代码的效果与图 2-3 一样。

2）LinearGradientBrush

该类表示使用线性渐变的方式来绘制界面的指定区域。LinearGradientBrush 中有以下 3 个重要的属性。

- StartPoint：获取或设置线性渐变的二维起始坐标。
- EndPoint：获取或设置线性渐变的二维终止坐标。
- GradientStops：线性渐变停止点的集合。

其中，StartPoint 和 EndPoint 确定了线性渐变的方向。默认的渐变方向是从左上角到右下角。

下面代码是将 Grid 中 TextBlock 的 Foreground 设置为从左到右的线性渐变，渐变颜色顺序为：绿色→蓝色→黄色。其中 Offset 表示渐变停止点在渐变向量中的位置。

```
<!--线性渐变画刷-->
<Grid x:Name="ContentPanel" Grid.Row="1" Margin="12,0,12,0">
    <TextBlock Text="Windows 8" FontFamily="Arial Black"
        FontSize="150"
        HorizontalAlignment="Center"
        VerticalAlignment="Center" >
        <TextBlock.Foreground>
            <LinearGradientBrushStartPoint="0 0" EndPoint="1 0">
                <LinearGradientBrush.GradientStops>
                    <GradientStopCollection>
                        <GradientStop Offset="0" Color="Green" />
                        <GradientStop Offset="0.5" Color="Blue" />
                        <GradientStop Offset="1" Color="Yellow" />
                    </GradientStopCollection>
                </LinearGradientBrush.GradientStops>
            </LinearGradientBrush>
        </TextBlock.Foreground>
    </TextBlock>
</Grid>
```

该段代码的效果如图 2-5 所示。

图 2-5　线性渐变效果

3）ImageBrush

通过该类可以使用图片来绘制界面的指定区域，也就是在设置 Foreground 和 Background 属性时，不是必须使用纯色或者渐变色，也可以把某个图片资源当做值进行设置。ImageBrush 的使用方法很简单，如下面代码所示，只需要设置 ImageBrush 的 ImageSource 属性即可。

```
<Grid>
    <Grid.Background>
        <ImageBrushImageSource="Assets/Windows-8-logo.png" Stretch="None"/>
    </Grid.Background>
</Grid>
```

上面代码的界面效果如图 2-6 所示。

图 2-6　ImageBrush 界面效果

★ 提示　上面代码中的 Stretch 属性表示图片在界面中的填充方式。Stretch 的定义如下：

```
publicenum Stretch
{
    // 摘要:
    //     内容保持其原始大小。
    None = 0,
    //
    // 摘要:
    //     调整内容的大小以填充目标尺寸。不保留纵横比。
    Fill = 1,
    //
    // 摘要:
    //     在保留内容原有纵横比的同时调整内容的大小，以适合目标尺寸。
    Uniform = 2,
    //
    // 摘要:
    //     在保留内容原有纵横比的同时调整内容的大小，以填充目标尺寸。如果目标矩形的纵横比不同于
源矩形的纵横比，则对源内容进行剪裁以适合目标尺寸。
```

```
    UniformToFill = 3,
}
```

4）WebViewBrush

WebViewBrush 是一种比较特殊的画刷，通过它可以将当前 WebView 控件中显示的内容显示到一个具有 Brush 属性的元素中（例如 Grid 或 Rectangle）。当 WebView 显示在界面中时，其他控件是无法显示到 WebView 上方的——这是因为 WebView 需要对输入事件和窗口的绘制做出特殊处理。此时如果希望在 WebView 上方显示内容，可以利用 WebViewBrush，将 WebView 中的内容绘制到 WebViewBrush 中，然后再通过另外的元素将 WebViewBrush 中的内容显示出来，最后在这个显示 WebViewBrush 的元素上展现别的元素即可。

如下面代码所示，在 Grid 中分别定义了一个 WebView、Rectangle、TextBox 和两个 Button。其中，WebView 和 Rectangle 在相同的位置，TextBox 则在 WebView 上面。

```xml
<Grid>
    <WebView Name="webview" Source="http://www.baidu.com" HorizontalAlignment="Left" Height="475"
Margin="76,22,0,0" VerticalAlignment="Top" Width="832"/>
    <Rectangle Name="rectangle" HorizontalAlignment="Left" Height="475" Margin="76,22,0,0"
VerticalAlignment="Top" Width="832"></Rectangle>
    <TextBox Background="Red" Foreground="White" HorizontalAlignment="Left" Height="65"
Margin="438,377,0,0" TextWrapping="Wrap" Text="TextBox" VerticalAlignment="Top" Width="252"/>
    <Button Content="显示 TextBox" HorizontalAlignment="Left" Height="50" Margin="420,534,0,0"
VerticalAlignment="Top" Width="212" Click="Button_ShowText"/>
    <Button Content="隐藏 TextBox" HorizontalAlignment="Left" Height="50" Margin="659,534,0,0"
VerticalAlignment="Top" Width="202" Click="Button_HideText"/>
</Grid>
```

如果现在运行程序，是看不到 TextBox 显示在 WebView 之上的，运行效果如图 2-7 所示。

图 2-7 在 WebView 上面不能直接显示其他元素控件

要想将 TextBox 显示在 WebView 之上，需要借助 WebViewBrush。来看看【显示 TextBox】按钮的 Click 实现 Button_ShowText：

```
private void Button_ShowText(object sender, RoutedEventArgs e)
{
    WebViewBrush b = new WebViewBrush();
    b.SourceName = "webview";
    b.Redraw();
    rectangle.Fill = b;
    webview.Visibility = Windows.UI.Xaml.Visibility.Collapsed;
}
```

在上面的实现方法中，利用 WebView 实例化了一个 WebViewBrush，然后将这个 WebViewBrush 赋值给 rectangle 的 Fill 属性，并将 WebView 隐藏起来。此时，运行程序，并单击【显示 TextBox】按钮，就可以将红色背景的 TextBox 显示出来了，如图 2-8 所示。

图 2-8　通过 WebViewBrush 在 WebView 之上显示其他的元素控件

如果要隐藏 WebView 上面的 Textbox，可以通过下面的方法。

```
private void Button_HideText(object sender, RoutedEventArgs e)
{
    webview.Visibility = Windows.UI.Xaml.Visibility.Visible;
    rectangle.Fill = new SolidColorBrush(Windows.UI.Colors.Transparent);
}
```

在上面的代码中，先将 WebView 显示出来，然后把 rectangle 设置为透明色即可。

2.5　Content 属性

在 XAML 中可以将元素中的一个属性（只能是一个）指定为 Content 属性，设置为 Content 属性之后，在 XAML 中使用该属性时，可以忽略掉属性元素标签。

Content 属性的指定是在类定义的时候完成的，如下面的代码是 Panel 类的定义：

```
[ContentProperty(Name = "Children")]
[MarshalingBehavior(MarshalingType.Agile)]
[Threading(ThreadingModel.Both)]
[Version(100794368)]
[WebHostHidden]
public class Panel : FrameworkElement
{
    //此处代码已省略
}
```

在第一行代码中可以看到，通过 ContentProperty，将该类的 Content 属性指定为 Children。这就意味着，在使用 Children 属性时，可以忽略掉该属性元素标签。如下是使用示例：

```
<Grid Background="Green">
<TextBlock Text="Windows 8" FontSize="100"
            Margin="446,308,380,308"/>
<Button Content="点击" FontSize="100"
        Margin="100 200 100 200"
        Background="Red"/>
</Grid>
```

在写代码的时候，也可以添加上 Children 属性元素标签，如下所示：

```
<Grid Background="Green">
<Grid.Children>
<TextBlock Text="Windows 8" FontSize="100"
            Margin="446,308,380,308"/>
<Button Content="点击" FontSize="100"
            Margin="100 200 100 200"
            Background="Red"/>
</Grid.Children>
</Grid>
```

上面两部分代码都能得到如图 2-9 所示界面效果。

图 2-9　Content 属性的使用

提 示　Grid 继承自 Panel，所以可以使用 Panel 中指定的 Content 属性。

2.6   资源定义和访问

在开发程序过程中，大多数时候我们都会使用重复的数据，例如画刷、外观和文字等。在 XAML 中，把这些重复使用的数据做一个资源的定义，然后放到资源集合中，可以方便使用，并能减少重复劳动，降低错误的出现。

在类 Application 和 FrameworkElement 中都各自定义了一个字典资源，代码如下：

```
publicResourceDictionary Resources { get; set; }
```

通过该字典，开发者可以进行资源的定义。

> **提示**　在 Application 中定义的资源可以在整个程序中使用。而在 FrameworkElement 中定义的资源只能在 FrameworkElement 中或者子元素中使用。

如下面代码所示，在 Page（父类为 FrameworkElement）中定义了一个资源，该资源有一个名为 "brush" 的 Key，该资源定义了一个方向为从上到下，颜色为从红到蓝的一个线性渐变。

> **提示**　由于 Resources 是一个字典，所以必须提供一个 Key 以供使用。

```xml
<!--XAML 资源-->
<Page.Resources>
<!--资源定义-->
    <LinearGradientBrush x:Key="brush" StartPoint="0 0" EndPoint="0 1">
        <GradientStop Offset="0" Color="Red" />
        <GradientStop Offset="1" Color="Blue" />
    </LinearGradientBrush>
</Page.Resources>
```

在一个大括号里面通过 **StaticResourcebrush** 就能访问并使用定义的资源，如下代码所示：

```xml
<!--资源使用-->
<Grid Background="Green">
    <Button Content="点击" FontSize="100"
            Margin="100 200 100 200"
            Background="{StaticResource brush}"/>
</Grid>
```

上面代码的界面效果如图 2-10 所示。

> **提示**　在 C#中通过 this.Resources["brush"] as LinearGradientBrush 也可以访问上面定义的资源。

图 2-10　资源的定义和访问

2.7   Style 的使用和继承

在资源的集合中，Style 的使用非常频繁，Style 是特定元素类型中属性值的集合，除了需要一个 Key 外，还需要指定一个 TargetType——表示 Style 用于哪种元素类型。

2.7.1   Style 的使用

在下面的代码中，定义了一个用于 TextBlock 元素的 Style。该 Style 定义的 TextBlock 为水平和垂直居中，并且字体大小为 70。

```
<Style x:Key="txtblkStyle1" TargetType="TextBlock">
    <Setter Property="HorizontalAlignment" Value="Center" />
    <Setter Property="VerticalAlignment" Value="Center" />
    <Setter Property="FontSize" Value="70" />
</Style>
```

可以看到，Style 的定义是通过一系列的 Setter 组成的，在每个 Setter 中，Property 用于指定属性的名称，而 Value 则指定属性的值。

如下代码演示了 Style 的使用：

```
<Grid Background="Green">
    <TextBlock Name="textBlock1" Text="Windows 8"
            Style="{StaticResource txtblkStyle1}" />
    <TextBlock Name="textBlock2" Text="Windows 8"
            Style="{StaticResource txtblkStyle1}"
            HorizontalAlignment="Right"
            VerticalAlignment="Bottom" />
</Grid>
```

如上面代码所示，Grid 中有两个 TextBlock，并把它们的 Style 设置为 txtblkStyle1。textBlock1 元素完全使用 txtblkStyle1 定义的 3 个属性值，txtblkStyle2 则只使用了 txtblkStyle1 定义的字体大小属性值，而重新设置了对齐方式。代码的界面效果如图 2-11 所示。

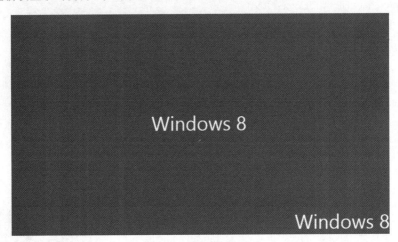

图 2-11 Style 的使用

2.7.2 Style 的继承

Style 是可以被继承的。通过继承可以对 Style 进行修改或者丰富。Style 的继承是利用 Style 的 BasedOn 属性实现的。

在下面代码中，定义了 3 个 Style：txtblkStyle、upperLeftStyle 和 lowerRightStyle，其中，upperLeftStyle 和 lowerRightStyle 继承自 txtblkStyle。在 txtblkStyle 中将 TextBlock 定义为水平和垂直居中，并且字体大小为 48，前景色为白色。upperLeftStyle 和 lowerRightStyle 继承了 txtblkStyle 的字体大小值和前景色，但是重新修改了各自的对齐方式：分别为左上角和右下角对齐。

```
<!--XAML 资源-->
<Page.Resources>
<!--样式继承-->
    <Style x:Key="txtblkStyle"
            TargetType="TextBlock">
        <Setter Property="HorizontalAlignment" Value="Center" />
        <Setter Property="VerticalAlignment" Value="Center" />
        <Setter Property="FontSize" Value="48" />
        <Setter Property="Foreground" Value="White"/>
</Style>

<Style x:Key="upperLeftStyle"
        TargetType="TextBlock"
    BasedOn="{StaticResourcetxtblkStyle}">
    <Setter Property="HorizontalAlignment" Value="Left" />
    <Setter Property="VerticalAlignment" Value="Top" />
</Style>

<Style x:Key="lowerRightStyle"
        TargetType="TextBlock"
    BasedOn="{StaticResourcetxtblkStyle}">
    <Setter Property="HorizontalAlignment" Value="Right" />
    <Setter Property="VerticalAlignment" Value="Bottom" />
</Style>

</Page.Resources>
```

下面的代码分别使用了上面定义的 3 种 Style：

```
<!--样式继承-->
<Grid Background="Green">
    <TextBlock Text="左上角" Style="{StaticResourceupperLeftStyle}" />
    <TextBlock Text="居中" Style="{StaticResourcetxtblkStyle}"/>
    <TextBlock Text="右下角" Style="{StaticResourcelowerRightStyle}" />
</Grid>
```

界面效果如图 2-12 所示。

图 2-12　Style 的继承

2.8 结束语

利用 C#+XAML 模式开发 Windows 商店应用程序时，XAML 是比较重要的一部分内容，本章对 XAML 常见的一些用法进行了介绍，包括属性设置、属性值的继承、画刷、Content 属性、资源的定义和访问，以及 Style 使用和继承，每种用法都通过示例进行了介绍。

在下一章中，将介绍 Windows 商店应用程序的页面和页面之间数据的传递。

第 3 章 应用程序页面和页面状态

本章首先来学习如何定制程序的启动画面，以及多个页面之间的导航和数据传递，然后来学习程序的页面状态，即根据不同的状态，显示不同的页面。

3.1 启动画面

很多程序在启动的时候，都会加载本地数据，或者从互联网上获取数据。比如 Windows 8 自带的天气程序，在程序显示主画面之前，会从网络中获取天气数据，此时由于网络交互过程花费的时间不确定，有时还比较长，天气程序为了加强启动画面的用户体验，在启动画面中显示出了一个循环等待的画面。图 3-1 是天气程序刚刚启动时显示的 SplashScreen 画面，图 3-2 则是天气程序在请求网络数据时显示的循环等待画面。

图 3-1　天气程序启动时显示的 SplashScreen 画面　　　　图 3-2　天气程序请求网络时显示的循环等待画面

当天气程序获得了数据时，就会将天气信息显示在主画面，如图 3-3 所示。

图 3-3　天气程序将获得的天气信息显示到主画面中

如同天气程序一样，其他应用程序在启动过程中，当数据还没有准备好的时候，在画面中显示出相应的状态，可以让用户感觉到程序是在运行的，以增强用户在使用程序过程中的启动体验。

下面通过示例 StartupScreen 来说明如何在程序中添加启动画面。

具体步骤如下：

1 创建一个应用程序。打开 Visual Studio Express 2012 for Windows 8，选择文件→新建项目，在弹出的新建项目对话框中，选择 Windows 应用商店模板下面的空白应用程序（XAML），如图 3-4 所示。将程序命名为"StartupScreen"后，选择存储位置并单击【确定】按钮，就创建好了一个应用程序。

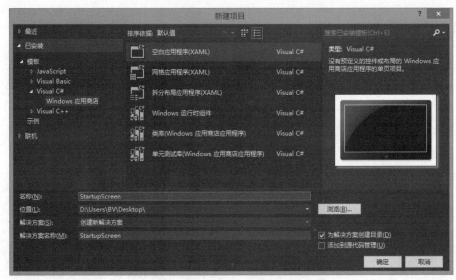

图 3-4　新建 StartupScreen 程序

2 添加一个新的空白页。在项目 StartupScreen 上右键单击，选择添加→新建项，如图 3-5 所示。单击新建项后，会弹出添加新项对话框，如图 3-6 所示。

图 3-5　添加一个新建项

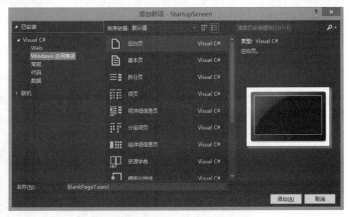

图 3-6　添加新项对话框

在图 3-6 中，选择 Windows 应用商店中的空白页，并将其命名为"StartupScreen"，然后单击【添加】按钮，这样就添加好了一个空白页。

3 修改 App.xaml.cs 文件。当程序刚刚启动的时候，首先加载启动画面——StartupScreen.xaml 页面。在 App.xaml.cs 中，找到 OnLaunched 方法，用下面的代码替换。

```
protected override void OnLaunched(LaunchActivatedEventArgs args)
{
    // 首先检查一下程序是否已经启动，如果没有启动，则加载启动画面
    if (args.PreviousExecutionState != ApplicationExecutionState.Running)
    {
        // 检查一下上次程序运行的时候是否被终止掉
        bool loadState = (args.PreviousExecutionState == ApplicationExecutionState.Terminated);
        // 创建一个新的 StartupScreen 页面，并将 SplashScreen 和 loadState 两个对象当做参数传递进去
        StartupScreen startScreen = new StartupScreen(args.SplashScreen, loadState);
        // 将当前程序的 content 设置好为 startScreen
        Window.Current.Content = startScreen;
    }
    Window.Current.Activate();
}
```

4 修改 StartupScreen.xaml 文件。在 StartupScreen.xaml 文件中，是需要在启动画面中显示的 UI 界面。用下面的代码替换整个文件。

```
<Page
    x:Class="StartupScreen.StartupScreen"
    xmlns="http://schemas.microsoft.com/winfx/2006/xaml/presentation"
    xmlns:x="http://schemas.microsoft.com/winfx/2006/xaml"
    xmlns:local="using:StartupScreen"
    xmlns:d="http://schemas.microsoft.com/expression/blend/2008"
    xmlns:mc="http://schemas.openxmlformats.org/markup-compatibility/2006"
    mc:Ignorable="d">
    <Canvas Background="{StaticResource ApplicationPageBackgroundThemeBrush}">
        <Image Name="SplashScreenImage"  Height="300"  Width="620" Source="Assets/SplashScreen.png"/>
        <ProgressRing Name="progressRing" Height="100" Width="100" IsActive="True"
Foreground="#FFD41E0B"/>
    </Canvas>
</Page>
```

如上面代码所示，在 StartupScreen.xaml 文件中添加了一个 Canvas 画布，并在画布中放置了两个控件：Image 和 ProgressRing，其中 Image 的 Source 设置为 "SplashScreen.png"，ProgressRing 的 IsActive 设置为 "True"。

5 修改 StartupScreen.xaml.cs 文件。用下面的代码替换整个文件。

```
using System;
using System.Collections.Generic;
using System.IO;
using System.Linq;
using Windows.ApplicationModel.Activation;
using Windows.Foundation;
using Windows.Foundation.Collections;
using Windows.System.Threading;
using Windows.UI.Core;
using Windows.UI.Xaml;
using Windows.UI.Xaml.Controls;
using Windows.UI.Xaml.Controls.Primitives;
using Windows.UI.Xaml.Data;
```

```
using Windows.UI.Xaml.Input;
using Windows.UI.Xaml.Media;
using Windows.UI.Xaml.Navigation;
// "空白页"项模板在 http://go.microsoft.com/fwlink/?LinkId=234238 上有介绍
namespace StartupScreen
{
    /// <summary>
    /// 可用于自身或导航至 Frame 内部的空白页。
    /// </summary>
    public sealed partial class StartupScreen : Page
    {
        public SplashScreen splashScreen;
        public Rect splashImage;
        public StartupScreen(SplashScreen splashscreen, bool loadState)
        {
            this.InitializeComponent();
            splashScreen = splashscreen;
            splashImage = splashScreen.ImageLocation;
            splashScreen.Dismissed += new TypedEventHandler<SplashScreen,
Object>(splashScreen_Dismissed);
            PositionAdvertisement();
        }
        /// <summary>
        /// 定位 UI 界面中的两个控件
        /// </summary>
        private void PositionAdvertisement()
        {
            SplashScreenImage.SetValue(Canvas.TopProperty, splashImage.Y);
            SplashScreenImage.SetValue(Canvas.LeftProperty, splashImage.X);
            SplashScreenImage.Height = splashImage.Height;
            SplashScreenImage.Width = splashImage.Width;
            SplashScreenImage.Visibility = Visibility.Visible;
            progressRing.SetValue(Canvas.TopProperty, splashImage.Y+100);
            progressRing.SetValue(Canvas.LeftProperty, splashImage.X);
        }
        void splashScreen_Dismissed(SplashScreen sender, object args)
        {
DelayTimer();
        }
        /// <summary>
        /// 在此页将要在 Frame 中显示时进行调用。
        /// </summary>
        /// <param name="e">描述如何访问此页的事件数据。Parameter
        /// 属性通常用于配置页。</param>
        protected override void OnNavigatedTo(NavigationEventArgs e)
        {

        }
        /// <summary>
        /// 延迟定时器
        /// </summary>
```

```
    private void DelayTimer()
    {
        //3 秒钟之后切换到 MainPage 页面
        ThreadPoolTimer tptimer = ThreadPoolTimer.CreateTimer(async (timer) =>
        {
            await Dispatcher.RunAsync(
                CoreDispatcherPriority.High, () =>
                {
                    Frame frame = new Frame();
                    frame.Navigate(typeof(MainPage));
                    Window.Current.Content = frame;
                });
        }, TimeSpan.FromMilliseconds(3000));
    }
}
```

在该段代码中，首先重写了构造方法 StartupScreen，让其能够接收从 App.xaml.cs 文件中传递过来的参数。该方法主要做了以下 3 件事情。

① 将参数保存到 splashScreen 和 splashImage 中。在随后的布局启动画面中，将用到 splashImage 参数。

② 注册一个 Dismissed 事件，程序默认 SplashScreen.png 显示完毕后，触发 Dismissed 事件。在 splashScreen_Dismissed 事件处理函数中，一般可以做数据请求和加载操作，在上面的代码中，为了简单起见，调用了 DelayTimer 方法，以此来模拟数据加载操作。在 DelayTimer 方法中，有一个延时触发器，3 秒钟后，会触发一个事件，该事件触发时，说明数据加载完毕，那么可以切换到 MainPage 页面了。

③ 调用 PositionAdvertisement 方法，该方法用来布局启动画面，对 UI 界面中两个控件的位置和大小进行重新定位。

6 修改 MainPage.xaml 文件。为了让 MainPage 看起来有点内容，笔者在 MainPage 界面中添加了一个 TextBlock 控件，并将"这里是主画面"字符串赋值给 TextBlock。代码如下。

```
<Grid Background="{StaticResource ApplicationPageBackgroundThemeBrush}">
    <TextBlock HorizontalAlignment="Center" VerticalAlignment="Center" FontSize="100" Foreground="Red">
这里是主画面</TextBlock>
</Grid>
```

代码添加完毕，现在运行一下程序，如果一切正常的话，应该能够看到启动画面显示 3 秒钟，之后切换到主画面，如图 3-7 所示。

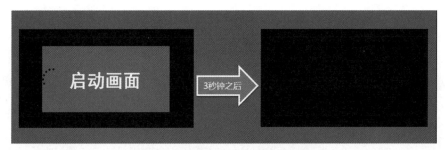

图 3-7   程序启动 3 秒后，切换到主画面

至此启动画面就介绍完了，更多具体内容可以参考示例 StartupScreen 中的代码。

3.2 页面导航

在 3.1 节中，我们学习了如何为程序制作启动画面，以此来加强程序中用户的启动体验。当程序进入到主画面之后，用户就开始真正地使用程序了。许多程序都有多个画面，这就涉及各个画面的切换，也就是各个页面之间的导航。在导航过程中还会涉及页面间数据和相关操作状态的传递。本节我们就来学习页面之间的导航、页面间导航时数据的传递和页面数据的缓存。

3.2.1 页面之间的导航

Windows 8 中的许多应用都具有多个画面，比如 Windows 8 自带的程序——应用商店，打开该程序，首先在主画面显示的是许多程序项以及一些热门的应用等，如图 3-8 所示。

图 3-8　应用商店主画面

此时点击其中的某项（这里点击的是最热免费产品），程序会导航到一个新的画面，如图 3-9 所示。

在图 3-9 中，单击左上角的左向箭头，则可以返回到主画面——图 3-8 所示的画面。

下面通过示例程序 PageNavigation 说明如何在 Windows 8 中实现页面间的导航。具体步骤如下。

1 创建一个应用程序。打开 Visual Studio Express 2012 for Windows 8，选择文件→新建项目，在弹出的新建项目对话框中，选择 Windows 应用商店模板下面的空白应用程序（XAML），如图 3-10 所示。将程序命名为"PageNavigation"后，选择存储位置并单击【确定】按钮，就创建好了一个应用程序。

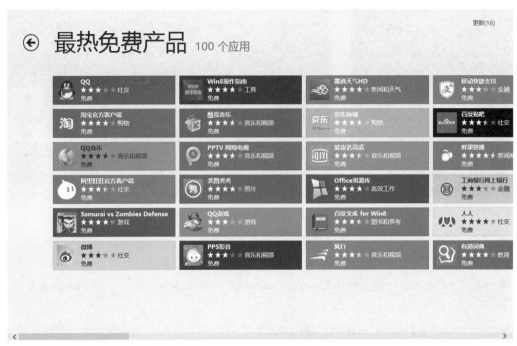

图 3-9　最热免费产品画面

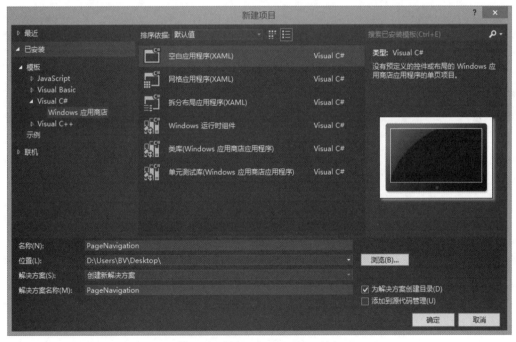

图 3-10　新建 PageNavigation 程序

2 添加一个名为"PageA"的页面。选择菜单中的项目→添加新项，如图 3-11 所示。

选择添加新项之后，会弹出一个添加新项对话框，如图 3-12 所示。在对话框中，左边选中 Windows 应用商店，中间选中基本页，并将其命名为"PageA.xaml"。

按照上面设置完成之后，单击【添加】按钮，这样就在工程中添加了一个 PageA 页面。

图 3-11 添加一个新项

图 3-12 选择基本页并命名为 PageA.xaml

3 重复步骤 2 中的操作，添加另外一个页面，唯一不同的地方就是将此页面命名为 PageB.xaml。

4 修改 XAML 文件。首先打开 MainPage.xaml 文件，并在 Grid 中添加一个 Button 控件，代码如下：

```
<Grid Background="{StaticResource ApplicationPageBackgroundThemeBrush}">
    <Button x:Name="PageBButton"
            Content="导航到 PageA"
            FontSize="40"
            Width="422"
            Height="150"
            Click="PageAButton_Click"
            Margin="376,166,0,312"
    />
</Grid>
```

在上面的代码中，笔者将 PageAButton_Click 作为 Button 的 Click 事件响应方法。稍后将介绍 PageAButton_Click 方法的实现。现在将 MainPage.xaml 保存，接着打开 PageA.xaml 文件，并将 Page.Resources 标签中的字符串修改为 PageA。代码如下。

```
<Page.Resources>
    <!-- TODO: Delete this line if the key AppName is declared in App.xaml -->
    <x:String x:Key="AppName">PageA</x:String>
</Page.Resources>
```

★提示 上面的代码中将字符串修改为 PageA 只是为了能在界面中看到这是 PageA 页面。读者开发程序的时候，应该根据自己的实际情况，将这里修改为相对应的内容，就如图 3-9 显示的是最热免费产品。

接着在 VisualStateManager.VisualStateGroups 标签上面添加以下代码。

```
<Button x:Name="PageBButton"
        Grid.Row="1"
        Content="导航到 Page B"
        FontSize="40"
        Width="422"
```

```
          Height="150"
          Click="PageBButton_Click"
          Margin="376,166,0,312"
/>
```

上面的代码其实跟 MainPage.xaml 文件中的类似。其中 PageBButton_Click 方法的实现随后介绍。同样，PageB.xaml 文件的操作，与 PageA.xaml 文件操作类似，具体代码如下。

```
<Page.Resources>
    <!-- TODO: Delete this line if the key AppName is declared in App.xaml -->
    <x:String x:Key="AppName">PageB</x:String>
</Page.Resources>
<Button x:Name="MainPageButton"
          Grid.Row="1"
          Content="直接回到 MainPage"
          FontSize="40"
          Width="422"
          Height="150"
          Click="MainPageButton_Click"
          Margin="376,166,0,312"
    />
```

5 事件的实现。现在来实现步骤 4 中涉及到的几个事件方法：PageAButton_Click、PageBButton_Click 和 MainPageButton_Click。在这几个方法中，将实现页面间的导航。在实现这些方法之前，先来看一个重要的东西。PageA 和 PageB 都继承自 LayoutAwarePage，而 LayoutAwarePage 是继承自 Page 的。在 LayoutAwarePage 类的定义文件头部注释中，可以看到它主要实现了以下几个功能：

```
/// <summary>
/// 提供几方面重要便利的 Page 的典型实现:
/// <list type="bullet">
/// <item>
/// <description>应用程序视图状态到可视状态的映射</description>
/// </item>
/// <item>
/// <description>GoBack、GoForward 和 GoHome 事件处理程序</description>
/// </item>
/// <item>
/// <description>用于导航的鼠标和键盘快捷键</description>
/// </item>
/// <item>
/// <description>用于导航和进程生命期管理的状态管理</description>
/// </item>
/// <item>
/// <description>默认视图模型</description>
/// </item>
/// </list>
/// </summary>
```

可见，只要是继承了 LayoutAwarePage，那么不仅具有 Page 的原有属性，还会把 LayoutAware-Page 类实现的重要功能也继承下来了。在这里，关于页面导航，实现了 GoBack（返回上一页）、GoForward（前进一页）和 GoHome（直接返回主页）。

下面分别给出 PageAButton_Click、PageBButton_Click 和 MainPageButton_Click 这 3 个方法的实现：

```
private void PageAButton_Click(object sender, RoutedEventArgs e)
{
    Frame.Navigate(typeof(PageA));
}
private void PageBButton_Click(object sender, RoutedEventArgs e)
{
    Frame.Navigate(typeof(PageB));
}
private void MainPageButton_Click(object sender, RoutedEventArgs e)
{
    this.GoHome(sender, e);
}
```

在上面的代码中，我们只使用了 GoHome 方法，实际上，在单击页面左上角的左向箭头时，是绑定到 GoBack 方法中的。为了方便，我们也可以把 PageB 中 MainPageButton 按钮的 Click 事件绑定到 GoHome 中。

上面说了这么多，其实页面之间的导航很简单，更多详细内容可以运行一下 PageNavigation，以了解具体的情况。图 3-13 是不同界面之间的运行截图。

图 3-13　程序运行截图

3.2.2　页面间导航时数据的传递

我们再回到图 3-8 和图 3-9 上，当用户单击图 3-8 中的某项时，会在图 3-9 界面中加载对应的详细内容。实际上，这里的页面在切换时，会把单击项的相关数据传递到图 3-9 中，这样就可以根据单击的内容，加载相应的数据了。原理很简单，下面来看看如何实现。

下面通过示例 DataTransfer 来介绍数据的传递。该示例是基于 3.2.1 中的示例 PageNavigation 进行重构的。在数据传递过程中，可以传递一个字符串，或者一个对象（包括自定义的对象），总之只要是数据，都可以传递，这样为开发者带来了便利。在 DataTransfer 程序的 MainPage 中输入一个名字，然后将这个名字传递给 PageA，PageA 会显示出这个名字，并接收用户输入的一个年龄，然后将名字和年龄打包到自定义的类 Person 中，将其传递给 PageB，PageB 会把名字和年龄显示出来。具体步骤如下。

1 在 MainPage.xaml 文件中添加一个文本框，并将其命名为"fullName"，代码如下：

```
<Grid Background="{StaticResource ApplicationPageBackgroundThemeBrush}">
    <Button x:Name="PageBButton"
    Content="导航到 PageA"
    FontSize="40"
```

```
        Width="422"
        Height="150"
        Click="PageAButton_Click" Margin="383,381,0,237" />
        <TextBox
            Name="fullName"
            HorizontalAlignment="Left"
            FontSize="40"
            Height="88"
            Margin="383,232,0,0"
            TextWrapping="Wrap"
            Text=""
            VerticalAlignment="Top"
            Width="410"/>
</Grid>
```

在 PageAButton_Click 方法中，代码修改如下：

```
Frame.Navigate(typeof(PageA), fullName.Text);
```

2 在 PageA.xaml 中，添加 3 个 TextBlock 和 1 个 TextBox，用以显示姓名和输入的年龄。由于 XAML 代码比较多，读者可以到示例工程中查看具体代码。

接着，在 PageA.xaml.cs 文件中定义一个 Persion 类，用来封装姓名和年龄，代码如下：

```
public class Person
{
    public string fullName { get; set; }
    public string age       { get; set; }
}
```

并按照下面的代码，就有两种实现的方法。

```
protected override void OnNavigatedTo(NavigationEventArgs e)
{
    base.OnNavigatedTo(e);
    fullName.Text = e.Parameter as string;
}
private void PageBButton_Click(object sender, RoutedEventArgs e)
{
    Person person = new Person();
    person.age = age.Text;
    person.fullName = fullName.Text;
    Frame.Navigate(typeof(PageB), person);
}
```

其中，在 OnNavigatedTo 方法中，获取 MainPage 传递过来的参数，并将其转换为 string，然后显示到 fullName 控件上。PageBButton_Click 方法则创建一个 Person 对象，并对其 fullName 和 age 进行赋值，然后传递到 PageB 页面中。

3 在 PageB.xaml 文件中，添加 4 个 TextBlock 控件，用来显示姓名和年龄。由于 XAML 代码比较多，读者可以前往示例中查看相关代码。

接着在 PageB.xaml.cs 文件中，实现方法 OnNavigatedTo，该方法将 PageA 中传递过来的 Person 数据显示到界面中，代码如下。

```
protected override void OnNavigatedTo(NavigationEventArgs e)
{
    base.OnNavigatedTo(e);
    Person person = e.Parameter as Person;
    fullName.Text = person.fullName;
    age.Text = person.age;
}
```

现在运行程序，在页面中输入相关的数据，可以看到如图 3-14 所示界面。

图 3-14　页面间导航时数据的传递

3.2.3　页面数据的缓存

细心的读者在运行 DataTransfer 示例时，会发现当从 PageB 页面返回时，PageA 和 MainPage 中之前输入的数据已经丢失了。有时候这对于用户来说是非常糟糕的体验。其实，要避免这个问题也很简单，只需要将页面在构造的时候开启缓存模式即可，具体代码如下：

```
NavigationCacheMode = NavigationCacheMode.Enabled;
```

在页面的构造函数中，添加如上代码就可以将页面中的数据缓存起来了。具体示例可以参考 PageCache。

3.3　应用程序的页面状态

3.2 节介绍了页面之间的导航，以及在导航过程中涉及的数据传递和页面数据缓存。本节我们来学习关于页面的另外一项内容：页面状态。

在程序中，可以处理 3 种视图状态：full screen、snapped 和 filled。其中，full screen 也就是全屏（分纵向和横向），是程序视图默认的显示状态，而 snapped 和 filled 视图状态只能显示在水平分辨率为 1366 像素或者更高的屏幕中(据说在不久的将来，微软将取消这一限制)。snapped 视图宽度为 320 像素，可以摆放在屏幕的左边或者右边。剩余的 1046 像素(或更多)分别分配为：分割线（22 像素）和 filled 视图，filled 视图的水平像素必须为 1024 像素或者更高。

图 3-15 中，从左到右分别是 full screen、snapped 和 filled。

图 3-15　程序视图显示的不同状态

　　微软这样设计的目的主要是让用户可以同时使用 2 个程序。如图 3-16 所示，在一个屏幕中，可以同时显示出应用商店和资讯程序，其中，应用商店是 filled 模式，资讯程序是 snaped 模式。

图 3-16　在一个屏幕中同时显示出应用商店和资讯程序

　　在 SDK 中，微软定义了一个 ApplicationViewState 枚举，代码如下。

```
namespace Windows.UI.ViewManagement
{
    // 摘要:
    //      指定可以处理的应用程序视图状态更改集。
    [Version(100794368)]
    public enum ApplicationViewState
    {
        // 摘要:
        //      当前应用程序的视图为全屏（没有预期相邻的对齐的应用程序）并且已更改为横向。
        FullScreenLandscape = 0,
        //
        // 摘要:
        //      当前应用程序视图已缩小到部分屏幕视图作为另一个应用程序对齐的结果。
        Filled = 1,
        //
        // 摘要:
        //      当前应用程序的视图已对齐。
        Snapped = 2,
        //
        // 摘要:
        //      当前应用程序的视图为全屏（没有预期相邻的对齐的应用程序）并且已更改为纵向。
        FullScreenPortrait = 3,
    }
}
```

　　从上面的代码中，可以看出全屏显示有两种状态：横向和纵向。

　　下面通过示例程序 SnapView 来介绍如何实现程序中的不同视图状态。具体步骤如下。

　　1 创建一个应用程序。利用 Visual Studio Express 2012 for Windows 8 创建一个空白应用程序 (XAML)，将其命名为"SnapView"。

2 在程序中添加 4 个空白页，并分别命名为："MyFullLandscapeView"、"MyFullPortraitView"、"MyFillView" 和 "MySnapView"。其中每个页面分别对应 ApplicationViewState 中定义的状态。

在 MyFullLandscapeView.xaml 文件中，用以下代码替换 Grid：

```
<Grid Background="{StaticResource ApplicationPageBackgroundThemeBrush}">
    <Grid.RowDefinitions>
        <RowDefinition/>
        <RowDefinition/>
    </Grid.RowDefinitions>
    <Grid.ColumnDefinitions>
        <ColumnDefinition/>
        <ColumnDefinition/>
    </Grid.ColumnDefinitions>
    <StackPanel Orientation="Vertical" Grid.Row="0" Grid.Column="0" Background="Red"></StackPanel>
    <StackPanel Orientation="Vertical" Grid.Row="0"    Grid.Column="1" Background="Yellow"></StackPanel>
    <StackPanel Orientation="Vertical" Grid.Row="1"    Grid.Column="0" Background="Green"></StackPanel>
    <StackPanel Orientation="Vertical" Grid.Row="1"    Grid.Column="1" Background="BlueViolet">
        <TextBlock Height="120" FontSize="36" Foreground="Red"></TextBlock>
    </StackPanel>
    <TextBlock Name="ModelText" Text="全屏横向模式" FontSize="100" HorizontalAlignment="Center"
VerticalAlignment="Center" Grid.ColumnSpan="2" Margin="381,340,315,268" Grid.RowSpan="2" Height="160"
Width="670" Foreground="Black" />
</Grid>
```

在 MyFullPortraitView.xaml 文件中，用如下代码替换 Grid：

```
ackground="{StaticResource ApplicationPageBackgroundThemeBrush}">
    <Grid.RowDefinitions>
        <RowDefinition/>
        <RowDefinition/>
    </Grid.RowDefinitions>
    <Grid.ColumnDefinitions>
        <ColumnDefinition/>
        <ColumnDefinition/>
    </Grid.ColumnDefinitions>
    <StackPanel Orientation="Vertical" Grid.Row="0" Grid.Column="0" Background="Red"></StackPanel>
    <StackPanel Orientation="Vertical" Grid.Row="0"    Grid.Column="1" Background="Yellow"></StackPanel>
    <StackPanel Orientation="Vertical" Grid.Row="1"    Grid.Column="0" Background="Green"></StackPanel>
    <StackPanel Orientation="Vertical" Grid.Row="1"    Grid.Column="1" Background="BlueViolet">
        <TextBlock Height="120" FontSize="36" Foreground="Red"></TextBlock>
    </StackPanel>
    <TextBlock Name="ModelText" Text="全屏纵向模式" FontSize="100" HorizontalAlignment="Center"
VerticalAlignment="Center" Grid.ColumnSpan="2" Margin="94,639,-48,567" Grid.RowSpan="2" Height="160"
Width="722" Foreground="Black" />
</Grid>
```

在 MyFillView.xaml 文件中，用以下代码替换 Grid：

```
<Grid Background="{StaticResource ApplicationPageBackgroundThemeBrush}">
    <Grid.RowDefinitions>
        <RowDefinition/>
        <RowDefinition/>
```

```
        </Grid.RowDefinitions>
        <Grid.ColumnDefinitions>
            <ColumnDefinition/>
            <ColumnDefinition/>
        </Grid.ColumnDefinitions>
        <StackPanel Orientation="Vertical" Grid.Row="0" Grid.Column="0" Background="Red"></StackPanel>
        <StackPanel Orientation="Vertical" Grid.Row="0"    Grid.Column="1" Background="Yellow"></StackPanel>
        <StackPanel Orientation="Vertical" Grid.Row="1"    Grid.Column="0" Background="Green"></StackPanel>
        <StackPanel Orientation="Vertical" Grid.Row="1"    Grid.Column="1"
Background="BlueViolet"></StackPanel>
        <TextBlock Name="ModelText" Text="Fill 模式" FontSize="72" HorizontalAlignment="Center"
VerticalAlignment="Center" Margin="0" Grid.RowSpan="2" Foreground="Black" Grid.ColumnSpan="2" />
</Grid>
```

在 MySnapView.xaml 文件中，用以下代码替换 Grid：

```
<Grid Background="{StaticResource ApplicationPageBackgroundThemeBrush}" Width="320">
        <Grid.RowDefinitions>
            <RowDefinition/>
            <RowDefinition/>
            <RowDefinition/>
            <RowDefinition/>
        </Grid.RowDefinitions>
        <StackPanel Orientation="Vertical" Grid.Row="0" Background="Red"></StackPanel>
        <StackPanel Orientation="Vertical" Grid.Row="1" Background="Yellow"></StackPanel>
        <StackPanel Orientation="Vertical" Grid.Row="2" Background="Green">
        </StackPanel>
        <StackPanel Orientation="Vertical" Grid.Row="3" Background="BlueViolet"></StackPanel>
        <TextBlock Name="ModelText" Text="Snap 模式" FontSize="64" HorizontalAlignment="Center"
VerticalAlignment="Center" Margin="35,158,20,161" Grid.RowSpan="2" Height="65" Width="265"
Foreground="Black" Grid.Row="1" />
        <Button Content="退出 Snap 模式" FontSize="32" HorizontalAlignment="Left" Width="240"
Margin="45,86,0,26" Grid.Row="2" Height="80" Click="Button_Click_1"/>
</Grid>
```

3 修改 MainPage 页面。将程序页面的状态放在 MainPage 中处理。首先，在 MainPage.xaml
文件中，添加一个 Frame，以进行相关页面的导航，代码如下。

```
<Grid Background="{StaticResource ApplicationPageBackgroundThemeBrush}">
        <Frame x:Name="MainFrame"/>
</Grid>
```

然后打开 MainPage.xaml.cs 文件，在这个文件中，将监听页面状态的改变——这也是本示例中
最重要的一个步骤。实际上就是监听页面大小的改变：即页面的 SizeChanged 事件。

在构造函数 MainPage 中注册 SizeChanged 事件，代码如下。

```
public MainPage()
{
    this.InitializeComponent();
    SizeChanged += MainView_SizeChanged;
}
```

实现 MainView_SizeChanged 方法，以便当页面大小发生改变时，做出相应的处理，具体代码如下。

```
void MainView_SizeChanged(object sender, SizeChangedEventArgs e)
{
    if (ApplicationView.Value == ApplicationViewState.Filled)
    {
        MainFrame.Navigate(typeof(MyFillView));
    }
    else if (ApplicationView.Value == ApplicationViewState.Snapped)
    {
        MainFrame.Navigate(typeof(MySnapView));
    }
    else if (ApplicationView.Value == ApplicationViewState.FullScreenLandscape)
    {
        MainFrame.Navigate(typeof(MyFullLandscapeView));
    }
    else if (ApplicationView.Value == ApplicationViewState.FullScreenPortrait)
    {
        MainFrame.Navigate(typeof(MyFullPortraitView));
    }
}
```

如上面代码所示，根据不同的页面状态，显示不同的页面。

4 编译并运行程序。按【F5】键，可以启动程序，并进入调试。程序在不同页面状态下的运行画面如图 3-17 所示。

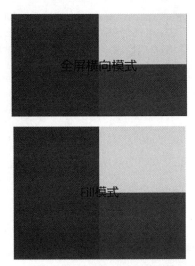

图 3-17　程序在不同页面状态下的运行画面

提 示　在 snapped 模式下，可以通过代码切换到 filled 模式。只需要在 snapped 模式下，调用下面代码即可。

```
ApplicationView.TryUnsnap();
```

具体情况，可以参考示例中 MySnapView 页面的实现。

3.4 结束语

本章介绍了应用程序的启动画面，通过启动画面，可以增强程序的启动体验。对于有多个页面的程序，需要页面间的导航，本章也就此问题进行了说明，并利用示例详细介绍了页面切换过程中数据如何传递，以及页面内的数据如何缓存。最后，介绍了 Windows 商店应用程序中特用的页面状态。

下一章，将介绍 Windows 8 中具有新特性的一些 UI 控件。

第 4 章 控 件

作为一名 Windows 商店应用开发者熟悉 Windows Runtime 支持的语言，以及提供的 API 是比较重要的，另外，掌握 Visual Studio 2012 工具箱中提供的控件也非常关键。

本章我们先来看看 Windows 8 中微软为开发者提供的可用控件有哪些，然后再把重点转移到控件的详细介绍上。

4.1 控件简介

图 4-1 是笔者绘制的 Windows 8 中可用控件的继承关系图。可以看出，所有的控件都继承自 FrameworkElement。FrameworkElement 为所有的控件和 UI 布局提供统一的 API 框架，同时还定义了与数据绑定、对象树和对象生命周期相关的一些 API。UIElement 是用户界面中具有可视外观并可以处理基本输入的大多数对象的基类。DependencyObject 表示参与依赖项属性系统的对象，是许多重要的 UI 相关类的直接基类。

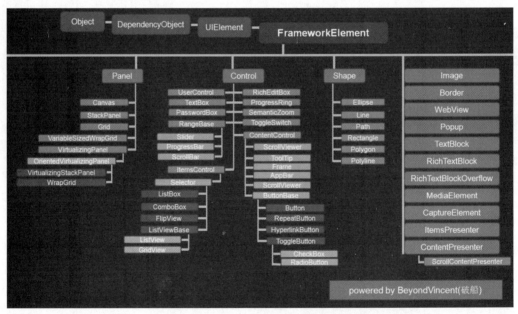

图 4-1　Windows 8 中可用控件的继承关系

其中，Panel 和 Control 两个类是重要的控件基类，这两个类都在名称空间 Windows.UI. Xaml.Controls 里面。Windows.UI.Xaml.Controls 名称空间提供了支持现有和自定义控件的 UI 控件和类，通过 Panel 的子类可以对界面中的控件进行定位和排序，Control 的子类则包括了许多开发中常用的控件，例如文本输入框、按钮和语义缩放控件等。Shape 类位于 Windows.UI.Xaml.Shapes 名称空间里，该类定义了形状控件的基类，其派生类包括椭圆、线条、路径和矩形等形状。

在图 4-1 最右边还有一些控件是直接继承自 FrameworkElement 的，这些控件都有各自的用途，例如，Image 用于图片的显示，Popup 用于显示一个弹出框，CaptureElement 则可以用来拍摄图片或者视频等。

由于篇幅有限，不能把全部控件都介绍一遍，本章后面的小节会挑选一些在 Windows 8 中重要和有特点的控件进行详细介绍，包括 Grid、Frame、AppBar、FlipView、GridView、SemanticZoom 等。每个控件都会依次介绍其功能、使用场景、重要属性和方法，并结合示例，说明如何在 XAML 中添加控件。

4.2　Grid

Grid 的继承关系如下。

```
Object
  DependencyObject
    UIElement
      FrameworkElement
        Panel
          Grid
```

1）功能

Grid 是一个布局控件，可以把 Grid 当中的控件排列在指定的行和列中。当创建一个空白页面时，在 XAML 文件中，默认就包含了一个 Grid 控件。一般，我们写的控件都在这个 Grid 控件中，特别是对位置的定位要求比较高且灵活时，用 Grid 控件会带来很大的方便。另外，要让程序的页面支持多种分辨率，也会经常用到 Grid 控件。

2）属性

Grid 控件的一些重要属性如下。

● Height 和 Width：这两个属性用来控制 Grid 控件的大小。如果开发者没有指定这两个属性，Grid 会根据内部的控件进行自动适配。如果开发者指定了这两个属性，那么 Grid 内部的控件超出了范围的部分将被裁减，不会显示出来。

● ColumnDefinitions：该属性包含了一个 ColumnDefinition 对象集合。定义了 Grid 有多少列，以及每列的大小。

● RowDefinitions：该属性包含了一个 RowDefinition 对象集合。定义了 Grid 控件有多少行，以及每行的大小。

3）使用示例

下面通过示例来介绍 Grid 控件的使用。具体步骤如下。

1 Grid 控件的定义。在空白页面中定义一个具有 3 行 4 列共有 12 个单元格的 Grid 控件，代码如下：

```
<Grid x:Name="LayoutRoot" Background="White" Width="700" Height="500">
    <Grid.ColumnDefinitions>
        <ColumnDefinition />
        <ColumnDefinition />
        <ColumnDefinition />
        <ColumnDefinition />
```

```
        </Grid.ColumnDefinitions>
        <Grid.RowDefinitions>
            <RowDefinition />
            <RowDefinition />
            <RowDefinition />
        </Grid.RowDefinitions>
</Grid>
```

在上面的代码中，将 Grid 控件的名称定义为 LayoutRoot，背景色是白色，宽为 700 像素，高为 500 像素。接着在 ColumnDefinitions 中定义了 4 列，在 RowDefinitions 中定义了 3 行。实际的效果可以在 XAML 设计器中看到，如图 4-2 所示，有 12 个空白单元格。

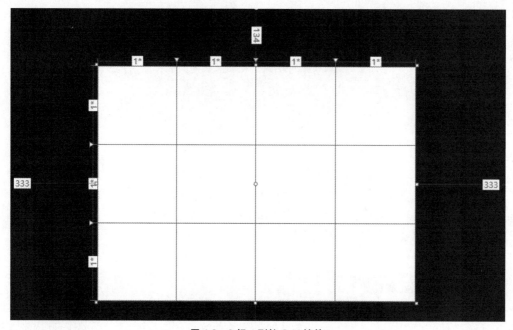

图 4-2　3 行 4 列的 Grid 控件

2 在 Grid 控件的单元格中放置控件。接着步骤 1 中的 XAML 文件，在每个单元格中放置一个 Rectangle 控件，并用不同的颜色标示，代码如下。

```
<Grid x:Name="LayoutRoot" Background="White" Width="700" Height="500">
    <Grid.ColumnDefinitions>
        <ColumnDefinition />
        <ColumnDefinition />
        <ColumnDefinition />
        <ColumnDefinition />
    </Grid.ColumnDefinitions>
    <Grid.RowDefinitions>
        <RowDefinition />
        <RowDefinition />
        <RowDefinition />
    </Grid.RowDefinitions>
    <Rectangle Fill="Red" Grid.Column="0" Grid.Row="0"/>
    <Rectangle Fill="Green" Grid.Column="1" Grid.Row="0"/>
```

```
<Rectangle Fill="Red" Grid.Column="2" Grid.Row="0"/>
<Rectangle Fill="Blue" Grid.Column="3" Grid.Row="0"/>

<Rectangle Fill="Blue" Grid.Column="0" Grid.Row="1"/>
<Rectangle Fill="Yellow" Grid.Column="1" Grid.Row="1"/>
<Rectangle Fill="Green" Grid.Column="2" Grid.Row="1"/>
<Rectangle Fill="Yellow" Grid.Column="3" Grid.Row="1"/>

<Rectangle Fill="Red" Grid.Column="0" Grid.Row="2"/>
<Rectangle Fill="Green" Grid.Column="1" Grid.Row="2"/>
<Rectangle Fill="Red" Grid.Column="2" Grid.Row="2"/>
<Rectangle Fill="Blue" Grid.Column="3" Grid.Row="2"/>
</Grid>
```

如上面代码所示，笔者在 12 个单元格中放置了 12 个矩形，并通过 Grid.Column 和 Grid.Row 两个附加属性定位每个矩形的位置。另外通过 Fill 属性给每个矩形填充不同的颜色。具体显示效果如图 4-3 所示。

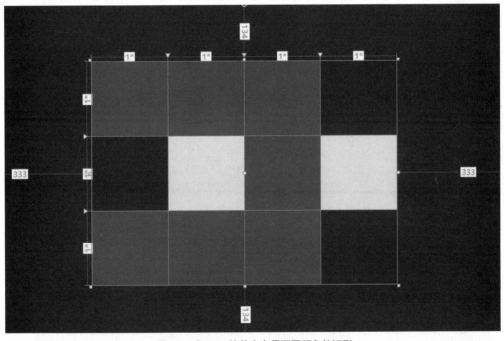

图 4-3　在 Grid 控件中布局不同颜色的矩形

3 使 Grid 控件内的子控件能够完全显示。有时候，如果在 Grid 控件内的子控件的尺寸超出了一个单元格的大小，子控件超出的范围将被裁减，而不会显示出来。例如，将如下代码复制到步骤 2 中最后一个 Rectangle 后面。

```
<TextBlock Foreground="Black" Grid.Row="1" Grid.Column="1"
          VerticalAlignment="Center" Text="Grid 控件介绍"
          FontFamily="Segoe UI" FontSize="48" />
```

该段代码是将 TextBlock 控件放置到 Grid.Row 为 1，Grid.Colum 为 1 的 Grid 中，并将 Text 设置为 "Grid 控件介绍"，字体大小为 48。此时，Grid 的显示效果如图 4-4 所示。

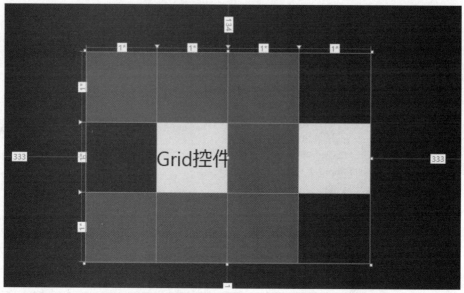

图 4-4　Grid 中的 TextBlock 控件并不能在一个单元格中完全显示出来

　　如图 4-4 所示，由于增加的 TextBlock 控件长度比一个单元格的长度还要长，所以不能完全显示出 TextBlock 控件中的内容。那么该怎么办才能让 TextBlock 控件中的内容完全显示呢？其实很简单，　Grid 中有两个附加属性 Grid.ColumnSpan 和 Grid.RowSpan，这两个附加属性表示单元格中的控件可以占据多行多列，默认情况下，这两个属性的值都为 1，在这里，只需要将 Grid.ColumnSpan 设置为 2 即可——让 TextBlock 能够显示在两个单元格中。代码如下。

```
<TextBlock Foreground="Black" Grid.Row="1" Grid.Column="1" Grid.ColumnSpan="2"
        VerticalAlignment="Center" Text="Grid 控件介绍"
        FontFamily="Segoe UI" FontSize="48" />
```

　　现在可以看到，TextBlock 中的文字可以全部显示在 Grid 中了，如图 4-5 所示。

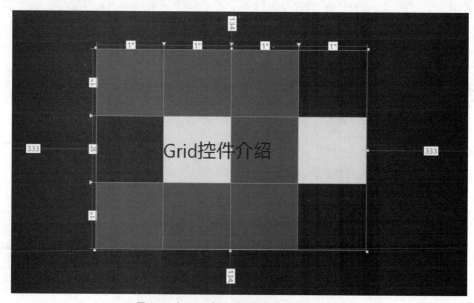

图 4-5　在 Grid 中的 TextBlock 控件占据两列

4.3　Frame

Frame 控件的继承关系如下。

```
Object
  DependencyObject
    UIElement
      FrameworkElement
        Control
          ContentControl
                  Frame
```

1）功能

Frame 控件是一个 Content 控件。它不仅能够显示页面，而且还有一个非常基础和重要的作用就是在程序中的不同页面之间提供导航的支持。因此，有多个页面的程序，基本都会用到 Frame 控件。

2）属性和方法

Frame 控件常用的两个属性如下。

* CanGoBack：该属性表示在导航栈(navigation stack)中是否存在"上一个页面"供用户导航回去。
* CanGoForward：该属性表示在导航栈(navigation stack)中是否存在"下一个页面"供用户导航前进。

Frame 控件跟别的控件不一样，它不会触发一些事件供开发者响应，不过 Frame 控件提供了一些方法，开发者可以通过调用这些方法进行页面的导航。

* GoBack：该方法可以让 Frame 将页面导航到导航栈中的上一个页面（入口点）。
* GoForward：该方法可以让 Frame 将页面导航到导航栈中的下一个页面（入口点）。
* Navigate：该方法可以让 Frame 导航到一个具体的页面。这个方法有两个重载。

```
public bool Navigate(Type sourcePageType);
public bool Navigate(Type sourcePageType, object parameter);
```

第一个重载方法的参数接收一个具体页面的类型。

第二个重载方法除了接收一个具体页面的类型外，还接收一个 object 参数，通过这个参数可以给将要导航到的页面传递参数（关于参数的传递可以参考第 2 章中的相关介绍）。

3）应用

Frame 最典型的一个用法就是当程序初始化或者启动的时候进行创建，例如，下面的代码是在程序启动的方法 OnLaunched 中使用 Frame。

```
protected override void OnLaunched(LaunchActivatedEventArgs args)
{
    var rootFrame = new Frame();
    rootFrame.Navigate(typeof(MainPage));
    Window.Current.Content = rootFrame;
    Window.Current.Activate();
}
```

上面的代码创建了一个新的 Frame，并导航到主页面。然后将 Frame 设置给应用程序 Window 的 Content，并调用 Activate 方法，将程序带到前台运行起来。

4.4　AppBar

AppBar 控件的继承关系如下。

```
Object
  DependencyObject
    UIElement
      FrameworkElement
        Control
          ContentControl
            AppBar
```

1）功能

AppBar 是一个 Content 控件。该控件提供了一个容器用来放置不同的命令以及相关的 UI 组件。可以将 AppBar 控件放置在页面的底部或顶部，也可以同时放在页面的底部和顶部。在不需要的时候可以将 AppBar 隐藏起来，也可以通过在屏幕中向上或向下滑动显示出 AppBar（也可以鼠标单击右键）。图 4-6 是 Windows 8 的开始屏幕，在屏幕底部显示出了 AppBar。

图 4-6　显示在开始屏幕底部的 AppBar

可以看出，AppBar 就像一般程序中的工具栏和菜单，通过 AppBar 中的选项，可以对当前画面或者整个应用程序进行一些相关操作。

2）属性

AppBar 有两个重要的属性，我们会经常用到，具体如下。

- IsOpen：该属性用来指定 AppBar 当前是否显示在页面中。将这个属性设置为 true，就可以以编程的方式显示出 AppBar。

● IsSticky：该属性用来控制当用户点击屏幕中其他 UI 组件时，是否将该 AppBar 隐藏起来。默认情况下，这个值为 false，也就是默认会隐藏起来。如果该值为 true，那么只有当用户右键单击屏幕，按 Windows+Z 或者从屏幕顶部\底部滑动时，才能将 AppBar 隐藏起来。

3）使用规则

从技术角度来说，虽然可以在 AppBar 放置任何的内容，但是有如下两条规则，开发者需要记住。

① 底部的 AppBar 一般分为两部分：左边部分主要针对当前屏幕上下文；右边部分则在整个程序中通用，可以在程序的许多地方被访问。

② 顶部的 AppBar 建议用来进行导航和其他一些选项操作。

微软已经在 StandardStyles.xaml 文件中为开发者提供了 202 个 AppBar Style。这些 style 使用的是 Segoe UI Symbol 字体。在开发中，我们可以直接使用这些图标。

4）使用示例

下面通过一个示例来介绍 AppBar 控件的使用。在该示例中，笔者将给程序添加一个底部 AppBar 和一个顶部 AppBar。具体步骤如下。

1 添加底部的 AppBar。首先创建一个空白的应用程序，然后打开 MainPage.xaml 文件，在文件最后一行代码</Page>上面添加如下代码。

```xml
<Page.BottomAppBar>
    <AppBar>
        <Grid>
            <Grid.ColumnDefinitions>
                <ColumnDefinition Width="50*" />
                <ColumnDefinition Width="50*" />
            </Grid.ColumnDefinitions>
            <StackPanel Orientation="Horizontal" HorizontalAlignment="Left">
                <Button x:Name="EditButton" Style="{StaticResource EditAppBarButtonStyle}" Tag="Edit" />
            </StackPanel>
            <StackPanel Grid.Column="1" Orientation="Horizontal" HorizontalAlignment="Right">
                <Button Style="{StaticResource AddAppBarButtonStyle}" />
                <Button Style="{StaticResource HelpAppBarButtonStyle}" />
                <Button Style="{StaticResource DiscardAppBarButtonStyle}" />
                <Button Style="{StaticResource DeleteAppBarButtonStyle}" />
            </StackPanel>
        </Grid>
    </AppBar>
</Page.BottomAppBar>
```

我们来看看上面的代码都做了些什么。首先是在 Page. BottomAppBar 节点中添加 1 个 AppBar，接着在 AppBar 里面添加 1 个一行两列的 Grid 控件，然后分别在两个单元格中放置 StackPanel 控件，左边的 StackPanel 控件里面放了一个 Button，该按钮使用了 StandardStyles.xaml 文件中预定义好的 EditAppBarButtonStyle。然后在右边的 StackPanel 中放置 4 个按钮，并分别使用不同的 style。运行效果如图 4-7 所示。

从图 4-7 中，可以看到左边的 Edit 按钮对应左边的 StackPanel，而右边的 4 个按钮则对应右边 StackPanel 中的 4 个按钮。这些按钮都使用了默认的 style。

图 4-7　显示在程序底部的 AppBar

2 添加顶部的 AppBar。回到 MainPage.xaml 文件中，在代码<Page.BottomAppBar>上面添加如下代码。

```
<Page.TopAppBar>
    <AppBar>
        <StackPanel Orientation="Horizontal" Margin="10,10,10,10" Height="150">
            <Rectangle Width="150" Height="150" Fill="Red" Margin="0,0,20,0" Tapped="Rectangle_Tapped"
/>
            <Rectangle Width="150" Height="150" Fill="Orange" Margin="0,0,20,0"
Tapped="Rectangle_Tapped" />
            <Rectangle Width="150" Height="150" Fill="Yellow" Margin="0,0,20,0"
Tapped="Rectangle_Tapped" />
            <Rectangle Width="150" Height="150" Fill="Green" Margin="0,0,20,0" Tapped="Rectangle_Tapped"
/>
            <Rectangle Width="150" Height="150" Fill="Blue" Margin="0,0,20,0" Tapped="Rectangle_Tapped"
/>
            <Rectangle Width="150" Height="150" Fill="Purple" Margin="0,0,20,0"
Tapped="Rectangle_Tapped" />
            <Rectangle Width="150" Height="150" Fill="DarkCyan" Margin="0,0,20,0"
Tapped="Rectangle_Tapped" />
        </StackPanel>
    </AppBar>
</Page.TopAppBar
```

在该段代码中，在页面的 TopAppBar 中添加了 1 个 AppBar，也就是在程序的顶部添加 1 个 AppBar。在 AppBar 中，同样有 1 个 StackPanel，并在里面放置了 7 个矩形。每个矩形的大小都为 150 像素×150 像素，并且有不同的颜色。另外，每个矩形的 Tapped 事件都绑定到了 Rectangle_Tapped 事件处理方法中。通过该方法，当用户点击某个矩形时，就将矩形的颜色设置给页面中的 Grid 控件。

下面我们来看看该方法是如何实现的，打开 MainPage.xaml.cs 文件，并实现方法 Rectangle_ Tapped，代码如下。

```
private void Rectangle_Tapped(object sender, TappedRoutedEventArgs e)
{
    Rectangle rect = sender as Rectangle;
    grid.Background = rect.Fill;
}
```

代码其实很简单，就是将接收到的参数 sender 转换为 Rectangle，然后取出 Rectangle 的 Fill 颜色，并设置为 Grid 控件的背景色。

★ **提 示** 记得在 MainPage.xaml 文件中将 Grid 控件的名称命名为 grid。代码如下。

```
<Grid Name="grid" Background="{StaticResource ApplicationPageBackgroundThemeBrush}">
</Grid>
```

至此，代码编写完了，编译并运行一下程序，效果如图 4-8 所示。当选择 AppBar 中的红色矩形时，Grid 的背景色被填充为红色。图 4-9 是选择蓝色矩形时获得的效果。

图 4-8　选择红色矩形时获得的效果

图 4-9　选择蓝色矩形时获得的效果

4.5　FlipView

FlipView 控件的继承关系如下：

```
Object
  DependencyObject
    UIElement
      FrameworkElement
        Control
          ItemsControl
            Selector
              FlipView
```

从上面的继承关系中，可以看出 FlipView 控件间接继承自 ItemsControl。

1）功能

FlipView 控件是一个集合控件。该控件一次显示集合中的一项，并且可以通过前后翻转以浏览集合中别的项。由于 FlipView 是继承自 ItemsControl 的，所以可以绑定任何类型的数据到该控件上，也可以使用 DataTemplates 进行复杂的布局。

FlipView 是 Windows 8 中新的一个控件，该控件可以用于照片的浏览、电子书的阅读等。

图 4-10 是 FlipView 在 Windows 商店程序中的一个应用：显示某个程序的截图，用户可以左右翻转浏览别的图片。

图 4-10　应用商店中 FlipView 控件的应用

2）属性和事件

FlipView 控件的常用属性如下。

- DisplayMemberPath：当使用数据绑定的时候，这个属性决定了绑定项中要显示的属性。
- Height：该属性表示 FlipView 控件的高度。
- Items：该属性表示 FlipView 控件集合中的对象。
- SelectedIndex：该属性表示在 FlipView 控件中当前显示项的索引（从 0 开始）。
- SelectedItem：该属性表示当前显示的项。

FlipView 中常用的事件是 SelectionChanged，无论什么时候，只要当前显示项发生改变，都会触发 SelectionChanged 事件。

3）应用示例

下面通过一个示例来说明如何使用 FlipView。

开始之前笔者准备了 4 张用于 FlipView 显示的图片，如图 4-11 所示。

图 4-11　用于 FlipView 中的 4 张图片

下面是具体的步骤。

1 创建一个名为 FlipView 的空白应用程序，并将上面的 4 张图片添加到 Assets 目录中。

2 打开 MainPage.xaml 文件，在 Grid 中添加如下代码。

```
<Grid Background="{StaticResource ApplicationPageBackgroundThemeBrush}">
    <FlipView>
        <Image Source="Assets/1.jpg" Stretch="Fill" />
        <Image Source="Assets/2.jpg" Stretch="Fill" />
        <Image Source="Assets/3.jpg" Stretch="Fill" />
        <Image Source="Assets/4.jpg" Stretch="Fill" />
    </FlipView>
</Grid>
```

很简单不是吗？在上面的代码中，添加了一个 FlipView 控件，并在里面放置了 4 个 Image，且分别为这 4 个 Image 设置了 Source。

编译并运行程序，效果如图 4-12 所示。

图 4-12　利用 FlipView 显示图片的效果

仔细观察该图，左边和右边分别有两个带箭头的按钮，这表示可以向右或者向左翻转，以查看其他的图片。

通过上面的示例，我们可以简单地了解 FlipView 控件的使用，在本章最后，笔者将给出一个程序——图片浏览器：FlipView 与 GridView 控件结合使用的示例，通过该示例，可以更加深入地理解 FlipView 和 GridView 控件。

4.6　GridView

GridView 控件的继承关系如下。

```
Object
  DependencyObject
    UIElement
      FrameworkElement
        Control
          ItemsControl
            Selector
              ListViewBase
                GridView
```

从上面的继承关系中，可以看出 GridView 实际上与 FlipView 一样，都是继承自 ItemsControl 的。

1）功能

GridView 控件用来水平显示一个数据集合。基本上在每个程序中，都会用到这个控件。由于 GridView 控件是继承自 ItemsControl 的，而继承自 ItemsControl 的控件，可以包含任意类型的 XAML 内容，因此，也就可以任意定义 GridView 中每项显示的外观和内容。

图 4-13 是 Windows 8 中自带的体育程序截图，该程序就是使用了一个 GridView 控件来显示体育资讯。

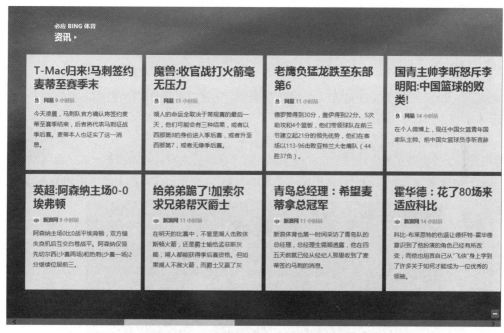

图 4-13 体育程序中使用到了 GridView 控件

可以看出，每个方块代表一项，如果一屏不能完全显示，可以水平滚动，以显示更多内容。图 4-14 是 GridView 中各项的布局模式。可以很明显地看到是从上到下，从左到右布局的。

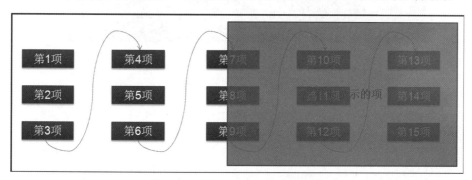

图 4-14 GridView 中各项的布局模式

通过 GridView 控件可以显示相册集合，或者联系人集合信息等。当用户单击某项内容时，将详细内容显示在另外的一个页面中。

2）属性

GridView 提供了很多的自定义选项，下面是在开发过程中会经常用到的一些属性。

- IsItemClickEnabled：该属性用来决定 ItemClick 事件是否能被 GridView 控件触发。
- ItemsSource：当使用数据绑定时，该属性指定在控件中使用的数据源。
- ItemTemplate：该属性用来指定使用的模板，该模板定义了 GridView 的外观布局。
- SelectionMode：该属性用来指定用户可以进行单选、多选或者不可选。
- SelectedIndex：该属性用来确定当前选中项的索引（从 0 开始）。如果当前没有选中项，这个属性的值为−1。
- SelectedItem：该属性表示当前选中的项。如果当前选中了多个，则该属性返回索引最小的那个项。
- SelectedItems：通过该属性可以获得在 GridView 中已经选中的项。

3）应用示例

下面通过一个示例来演示 GridView 控件的基本使用方法。该示例程序将在 GridView 中显示出学生的基本信息。具体步骤如下。

1 创建一个空白程序，工程名称为"GridView"。

2 定义一个数据类用来表示每个学生的信息。首先在项目上右键单击添加→类（也可以通过快捷键【Shift+Alt+C】），在弹出的对话框中输入"Student.cs"，并单击【添加】选项，如图 4-15 所示。

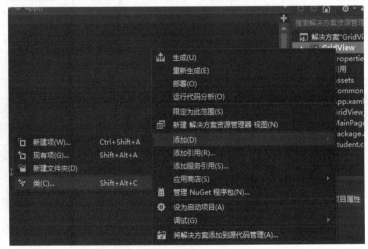

图 4-15　添加一个新的类到工程中

然后在 Student.cs 文件中定义一个 Student 类，在类中添加如下代码。

```
class Student
{
    public string Name { get; set; }        // 姓名
    public double Weight { get; set; }       // 体重
    public int Number { get; set; }          // 学号
    public double Height { get; set; }       // 身高
    public string TeamName { get; set; }     // 参与社团名称
}
```

如上面代码所示，在类 Student 中定义了学生的一些基本信息，包括姓名、体重、学号和身高等。

3 添加一个 GridView 控件，并完成一些外观定义和数据绑定的任务。打开 MainPage.xaml 文件，并用下面的代码替换 Grid 控件中的内容。

```xml
<GridView x:Name="mainGridView" Grid.Row="1" Background="#FF218B60" SelectionMode="Multiple">
    <GridView.ItemsPanel>
        <ItemsPanelTemplate>
            <WrapGrid Orientation="Vertical" MaximumRowsOrColumns="2" />
        </ItemsPanelTemplate>
    </GridView.ItemsPanel>
    <GridView.ItemTemplate>
        <DataTemplate>
            <StackPanel Height="200" Width="200" Background="#33FFFFFF">
                <TextBlock Text="{Binding Name}" FontSize="24" Foreground="White" Margin="5" />
                <StackPanel Orientation="Horizontal">
                    <TextBlock Text="参加的社团: " FontSize="16" Foreground="White" Margin="5"/>
                    <TextBlock Text="{Binding TeamName}" FontSize="16" Foreground="White" Margin="5"/>
                </StackPanel>
                <StackPanel Orientation="Horizontal">
                    <TextBlock Text="体重 kg: " FontSize="16" Foreground="White" Margin="5"/>
                    <TextBlock Text="{Binding Weight}" FontSize="16" Foreground="White" Margin="5"/>
                </StackPanel>
                <StackPanel Orientation="Horizontal">
                    <TextBlock Text="身高 cm:" FontSize="16" Foreground="White" Margin="5" />
                    <TextBlock Text="{Binding Height}" FontSize="16" Foreground="White" Margin="5" />
                </StackPanel>
            </StackPanel>
        </DataTemplate>
    </GridView.ItemTemplate>
</GridView>
```

我们来看看上面的代码都完成了哪些任务。第一行代码是添加一个 GridView 控件，并将其命名为"mainGridView"，另外还将控件的选择模式设置为多选。第二行代码则在<GridView.ItemsPanel>节点中定义垂直方向上最多显示 2 个项。后面在<GridView.ItemTemplate>节点中，定制每项的显示外观，并将控件显示的学生信息绑定到数据源中。具体定义了什么控件，详细阅读一下 DataTemplate 中的代码定义就知道了。

4 前面已经将学生的每个信息都绑定好了。这一步需要通过代码来创建数据源。这里将用到步骤 2 中创建的 Student 类。

打开 MainPage.xaml.cs 文件，将下面的代码添加到 OnNavigatedTo 方法中。

```csharp
protected override void OnNavigatedTo(NavigationEventArgs e)
{
    List<Student> students = new List<Student>();
    students.Add(new Student { Name = "张三", TeamName = "体育", Height = 160, Weight = 55, Number = 01 });
    students.Add(new Student { Name = "小明", TeamName = "英语", Height = 172, Weight = 70, Number = 02 });
    students.Add(new Student { Name = "李四", TeamName = "娱乐", Height = 166, Weight = 60, Number = 03 });
    students.Add(new Student { Name = "小二", TeamName = "数学", Height = 180, Weight = 66, Number = 04 });
    students.Add(new Student { Name = "老五", TeamName = "国语", Height = 159, Weight = 50, Number = 05 });
    mainGridView.ItemsSource = students;
}
```

如上面代码所示，在 OnNavigatedTo 方法中创建了一个 students 列表，并在该列表中添加了 5 个学生的信息。最后一行代码很关键，将 student 设置为 GridView 的数据源。这样设置之后，GridView 控件就能通过绑定从 students 集合中获取需要的数据了。

至此，代码编写完毕，编译并运行程序。图 4-16 是程序启动后的运行截图。

图 4-16　在程序中加载了 students 数据列表中的学生信息

可以看出，程序已经将代码中创建的 5 个学生信息显示到 GridView 控件中了。

4.7　ProgressBar

ProgressBar 控件的继承关系如下。

```
Object
  DependencyObject
    UIElement
      FrameworkElement
        Control
          RangeBase
            ProgressBar
```

1）功能

ProgressBar 是进度指示条。当程序从网络中获取数据、下载文件，以及访问本地文件时，都需要花费一些不确定的时间，此时用户需要等待数据的获取。为了让用户能够有个直观的感受，此时可以使用 ProgressBar 来指示数据获取或处理的进度。

ProgressBar 有两种显示方式。第一种方式，知道准确的进度，ProgressBar 可以显示出已经完成多少，还有多少需要等待完成。这对于用户体验来说，非常棒。这个显示方式如图 4-17 所示。

第二种方式，不能确定具体执行的进度，ProgressBar 可以显示一个动画，以告诉用户，程序还在执行中，需要等待。这种不确定进度的显示方式如图 4-18 所示。

图 4-17 用于准确进度显示的 ProgressBar   图 4-18 用于不确定进度显示的 ProgressBar

2）属性

ProgressBar 经常用到的属性如下。

- Height 和 Width：这两个属性用于指定控件的高度和宽度。
- IsIndeterminate：该属性用于指定控件的显示模式是确定的还是不确定的，该属性值为 ture 表示不确定，false 表示确定。
- Maximum：当控件是确定显示模式时，这个属性用来指定进度为 100% 时的值。
- Minimum：该属性用来指定控件进度为 0% 时的值。
- Value：该属性是控件当前的进度值，该值应该在 Minimum 和 Maximum 之间。
- Visibility：该属性用来指定控件是否显示在屏幕中。

3）应用示例

（1）代码添加

ProgressBar 的使用其实非常简单，只需要在页面中添加如下代码即可。

确定进度显示模式：

```
<ProgressBar Height = "40" Width = "400" Minimum = "0" Maximum = "100" Value = "50" />
```

非确定进度显示：

```
<ProgressBar Height = "40" Width = "400" Margin="483,448,483,280" IsIndeterminate="True"   />
```

> ★提示 对于确定进度显示模式，如果需要检测 ProgressBar 值改变的事件，可以监听 ValueChanged 事件，当指定了一个新的值，就会触发 ValueChanged 事件。另外，在非确定进度显示中，需要明确设定 IsIndeterminate="True"。

（2）颜色修改

有时候希望 ProgressBar 的颜色能够与程序适配，那么就需要修改颜色。分如下两种情况。

如果是确定进度显示模式，那么直接修改 ProgressBar 的 Background 和 Foreground 即可。代码如下：

```
<ProgressBar Background="Red" Foreground="Blue" Height = "40" Width = "400" Minimum = "0" Maximum =
  "100" Value = "50" />
```

这里将 ProgressBar 控件的背景色修改为红色，前景色修改为蓝色，效果如图 4-19 所示。

图 4-19 确定进度显示模式下修改 ProgressBar 的背景色和前景色

如果是不确定进度显示模式，那么不能简单地通过下面的代码来修改。

```
<ProgressBar IsIndeterminate="True" Foreground="Red" />
```

这里希望将 ProgressBar 的前景色修改为红色，但是运行程序，控件的颜色依旧不会改变。此时，要修改 ProgressBar 的颜色，需要重写默认主题资源字典中的数值——将 ProgressBarIndeterminateForegroundThemeBrush 的值修改为 Red：

```
<ResourceDictionary.ThemeDictionaries>
    <ResourceDictionary x:Key="Default">
        <x:String x:Key="ProgressBarIndeterminateForegroundThemeBrush">Red</x:String>
    </ResourceDictionary>
</ResourceDictionary.ThemeDictionaries>
```

可以将上面的代码添加到 App.xaml 中，或者创建一个新的资源字典，并合并到 App.xaml 中：直接添加到 App.xaml 中，代码如下：

```
<Application.Resources>
    <ResourceDictionary>
        <ResourceDictionary.ThemeDictionaries>
            <ResourceDictionary x:Key="Default">
                <x:String x:Key="ProgressBarIndeterminateForegroundThemeBrush">Red</x:String>
            </ResourceDictionary>
        </ResourceDictionary.ThemeDictionaries>
        <ResourceDictionary.MergedDictionaries>
            <!--
                Styles that define common aspects of the platform look and feel
                Required by Visual Studio project and item templates
                -->
            <ResourceDictionary Source="Common/StandardStyles.xaml"/>
        </ResourceDictionary.MergedDictionaries>
    </ResourceDictionary>
</Application.Resources>
```

创建一个 CustomStyles.xaml 文件，将重写的代码添加到文件中，该文件完整代码如下：

```
<ResourceDictionary
    xmlns="http://schemas.microsoft.com/winfx/2006/xaml/presentation"
    xmlns:x="http://schemas.microsoft.com/winfx/2006/xaml">
    <!-- Global Overrides -->
    <ResourceDictionary.ThemeDictionaries>
        <ResourceDictionary x:Key="Default">
            <x:String x:Key="ProgressBarIndeterminateForegroundThemeBrush">Red</x:String>
        </ResourceDictionary>
    </ResourceDictionary.ThemeDictionaries>
</ResourceDictionary>
```

然后将该文件合并到 App.xaml 中，将 App.xaml 中的代码修改为如下：

```
<Application
    x:Class="Sample.App"
    xmlns="http://schemas.microsoft.com/winfx/2006/xaml/presentation"
```

```
xmlns:x="http://schemas.microsoft.com/winfx/2006/xaml">

    <Application.Resources>
        <ResourceDictionary>
            <ResourceDictionary.MergedDictionaries>
                <ResourceDictionary Source="Common/StandardStyles.xaml" />
                <ResourceDictionary Source="Common/CustomStyles.xaml" />
            </ResourceDictionary.MergedDictionaries>
        </ResourceDictionary>
    </Application.Resources>
</Application>
```

此时，得到的 ProgressBar 颜色已经变为红色了，如图 4-20 所示。

图 4-20　不确定进度显示模式下修改 ProgressBar 颜色

★提 示　按照上面的方法修改颜色，程序中使用的所有 ProgressBar 的颜色都会被修改。

4.8　ProgressRing

ProgressRing 控件的继承关系如下。

```
Object
  DependencyObject
    UIElement
      FrameworkElement
        Control
          ProgressRing
```

1）功能

ProgressRing 与 ProgressBar 类似，只是它是一个圆形旋转的控件。这个控件被设计得非常易用，当在后台加载数据或者处理一些事情时，可以分散用户的注意力。将其放在画面中，起到视觉上的提醒，给用户的感觉是程序还在运行着，让用户等待片刻。该控件看起来的效果如图 4-21 所示。

图 4-21　ProgressRing 的效果

2）属性

ProgressRing 有如下几个常用的属性。

- Height 和 Width：这两个属性用于指定控件的高度和宽度。由于 ProgressRing 控件是圆形的，如果高度和宽度不一样，那么较小的那个属性值决定控件的大小。
- IsActive：该属性用于指定控件是否以激活动画的方式显示。如果动画没有激活，那么在屏幕中的 ProgressRing 控件默认是不显示出来的。

ProgressRing 控件与别的控件的不同之处是不会触发事件。

3）应用示例

下面来看看如何使用 ProgressRing 控件。

将下面的代码添加到 XAML 中。

```
<Grid Background="White">
    <StackPanel Orientation="Horizontal"    Background="DarkGray" HorizontalAlignment="Right" Width="302"
Margin="0,334,674,336">
        <ProgressRing Height = "75" Width = "75" IsActive = "True" />
        <TextBlock FontSize="50" VerticalAlignment="Center">正在加载</TextBlock>
    </StackPanel>
</Grid>
```

在上面代码中，<ProgressRing Height = "75" Width = "75" IsActive
= "True" />是最重要的一行代码。

运行效果如图 4-22 所示。完整代码可以参考本书提供的代码
示例 ProgressRing。

图 4-22　ProgressRing 运行效果

4.9　SemanticZoom

SemanticZoom 控件的继承关系如下。

```
Object
  DependencyObject
    UIElement
      FrameworkElement
        Control
          SemanticZoom
```

1）功　能

SemanticZoom 控件是 Windows 8 中最有特色的控件之一。SemanticZoom（语义缩放）是一项
触控优化技术，用于 Windows 8 中的 Windows Store app 开发。通过该控件可以在一个画面中（如
相册、程序列表或地址簿）展示和导航大量的数据或内容集合。

SemanticZoom 使用两种不同的模式来呈现内容：low-level(zoomed in)模式和 high-level(zoomed out)。
前者用于在一个平面中显示所有的结构，后者则显示分组中的项，使用户可以快速导航和浏览内容。

★ 提 示　SemanticZoom 控件默认显示的是 zoom in 模式。

图 4-23 中左边是 zoom in 模式，右边是 zoom out 模式。

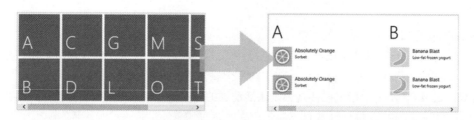

图 4-23　SemanticZoom 控件的两种显示模式

2）交互方式

SemanticZoom 的交互方式有以下 3 种。

① 捏合与拉伸手势（手指移动距离变远为 zoom in，手指距离变近则是 zoom out）。

② 按下【Ctrl】键，同时滚动鼠标的滚轮。

③ 按下【Ctrl】键，同时按下【+】或者【-】。

3）应用场景

● 地址簿：通讯录以字母（或者其他）顺序组织，使用字母来展现数据，用户可以将某个字母"放大"，以看到与该字母相关联的联系人。

● 相册：以元数据（如日期）来组织图片，用户可以放大（zoom in）某个具体的日期来显示与那个日期相关的图片集合。

● 产品目录：按照类别组织各项。

★提示 SemanticZoom（语义缩放）与 Optical Zoom（光学缩放）是不同的。虽然它们具有类似的交互方式和基本的行为（基于缩放因子显示更多或者更少的内容）。Optical Zoom（光学缩放）是对一个内容区域或者对象（如相片）进行缩放。

应用商店的主画面就使用了 SemanticZoom 控件。图 4-24 是应用商店的截图，该图是 zoom out 模式。图 4-25 则是 zoom in 模式。

图 4-24　应用商店主画面的 zoom out 模式

4）属性

下面我们来看看 SemanticZoom 控件的如下两个重要属性。

● ZoomedOutView：该属性用来获取和设置 SemanticZoom 控件的 zoom out 模式视图。

● ZoomedInView：该属性用来获取和设置 SemanticZoom 控件的 zoom in 模式视图。

这两个属性是 ISemanticZoomInformation 类型，即需要实现 ISemanticZoomInformation 接口的对象。一般实现 ISemanticZoomInformation 接口的类是 ListViewBase，也就是说只要是继承自 ListViewBase 的控件，都可以赋值给这两个属性。例如常用到的 GridView 和 ListView。

图 4-25　应用商店主画面的 zoom in 模式

5）应用示例

下面通过示例 SemanticZoomApp 来介绍 SemanticZoom 控件的使用方法。该示例要实现的功能为：在主画面（ZoomedInView）中默认显示出所有学生以及相关学生的信息，然后在 ZoomedOutView 中显示出所有班级以及班级中对应的学生。具体步骤如下。

1 创建一个空白的应用程序，命名为 "SemanticZoomApp"。

2 定义程序使用的数据结构。在工程中，新建一个类，并且将类文件命名为 "Student.cs"，然后用如下代码替换该文件中的内容。

```csharp
using System;
using System.Collections.Generic;
using System.Linq;
using System.Text;
using System.Threading.Tasks;
namespace SemanticZoomApp
{
    class Student
    {
        public double Weight { get; set; }          // 体重
        public int Number { get; set; }             // 学号
        public string Symbol { get; set; }          // 性别
        public string Name { get; set; }            // 姓名
        public string Category { get; set; }        // 班级
        public string State { get; set; }           // 状态
    }
}
```

如上面代码所示，定义了一个 Student 类，并且在该类中定义了学生相关信息：体重、学号、性别、姓名、班级和状态。

3 为程序初始化数据。打开 MainPage.xaml.cs 文件，找到 OnNavigatedTo 方法，并用如下代码替换里面的内容。

```
List<Student> elements = new List<Student>();
elements.Add(new Student { Number = 001, Category = "1 班", Name = "张三", Symbol = "男", State = "在校" });
elements.Add(new Student { Number = 002, Category = "1 班", Name = "小李", Symbol = "男", State = "在校" });
elements.Add(new Student { Number = 003, Category = "1 班", Name = "小王", Symbol = "女", State = "校外" });
elements.Add(new Student { Number = 004, Category = "1 班", Name = "小周", Symbol = "女", State = "校外" });
elements.Add(new Student { Number = 006, Category = "1 班", Name = "老赵", Symbol = "女", State = "在校" });
elements.Add(new Student { Number = 007, Category = "2 班", Name = "小三", Symbol = "男", State = "在校" });
elements.Add(new Student { Number = 008, Category = "2 班", Name = "老大", Symbol = "男", State = "在校" });
elements.Add(new Student { Number = 009, Category = "2 班", Name = "王二", Symbol = "男", State = "在校" });
elements.Add(new Student { Number = 010, Category = "2 班", Name = "陈总", Symbol = "女", State = "校外" });
elements.Add(new Student { Number = 011, Category = "3 班", Name = "小刘", Symbol = "女", State = "在校" });
elements.Add(new Student { Number = 012, Category = "3 班", Name = "小张", Symbol = "女", State = "在校" });
elements.Add(new Student { Number = 013, Category = "3 班", Name = "小朱", Symbol = "男", State = "校外" });
elements.Add(new Student { Number = 014, Category = "3 班", Name = "二哥", Symbol = "男", State = "在校" });
elements.Add(new Student { Number = 015, Category = "3 班", Name = "大刘", Symbol = "女", State = "在校" });
elements.Add(new Student { Number = 016, Category = "3 班", Name = "老五", Symbol = "女", State = "在校" });
```

如上面代码所示，初始化了一些学生的相关信息。

4 在 MainPage.xaml 文件中定义数据集合，以方便地使用数据。打开 MainPage.xaml 文件，并添加如下代码。

```
<Page.Resources>
    <x:String x:Key="AppName">SemanticZoom Example</x:String>
    <CollectionViewSource x:Name="StudentData" />
    <CollectionViewSource x:Name="CategoryData" IsSourceGrouped="True"/>
</Page.Resources>
```

该段代码定义了两个集合资源：StudentData 和 CategoryData，分别用于 SemanticZoom 控件两种显示模式下需要的数据。

5 将步骤 3 中的数据设置给步骤 4 中定义的数据集合。打开 MainPage.xaml.cs 文件，并在 OnNavigatedTo 方法的最后，添加如下代码。

```
StudentData.Source = elements;
CategoryData.Source = from el in elements group el by el.Category into grp orderby grp.Key select grp;
```

上面的代码将数据设置给 xaml 文件中定义的数据集合，这样在 xaml 文件中就可以直接使用这些数据了。

6 打开 MainPage.xaml 文件，并利用下面的代码替换文件中的 Grid 控件：

```
<SemanticZoom>
    <SemanticZoom.ZoomedInView>
        <GridView>
        </GridView>
    </SemanticZoom.ZoomedInView>
    <SemanticZoom.ZoomedOutView>
        <GridView>
        </GridView>
    </SemanticZoom.ZoomedOutView>
</SemanticZoom>
```

如上面代码所示，添加了一个 SemanticZoom 控件，并在 SemanticZoom 节点里面添加了两个节点：SemanticZoom.ZoomedInView 和 SemanticZoom.ZoomedOutView。其中 ZoomedInView 用于

显示所有学生信息，ZoomedOutView 则用于显示班级以及相关的学生。

7 在 SemanticZoom.ZoomedInView 节点中，显示的是所有的学生。其中，每个学生信息利用一个 GridView 控件来显示。在 ZoomedInView 节点中添加一个 GridView，代码如下。

```xml
<GridView Background="DarkCyan" ItemsSource="{Binding Source={StaticResource StudentData}}"
SelectionMode="None">
    <GridView.ItemTemplate>
        <DataTemplate>
            <Grid Background="Red" Height="200" Width="200">
                <StackPanel Background="DarkGray" Margin="5,5,5,5">
                    <StackPanel Orientation="Horizontal">
                        <TextBlock FontSize="30">姓名：</TextBlock>
                        <TextBlock FontSize="30" Text="{Binding Name}" />
                    </StackPanel>
                    <StackPanel Orientation="Horizontal">
                        <TextBlock>学号：</TextBlock>
                        <TextBlock Text="{Binding Number}" />
                    </StackPanel>
                    <StackPanel Orientation="Horizontal">
                        <TextBlock>性别：</TextBlock>
                        <TextBlock Text="{Binding Symbol}" />
                    </StackPanel>
                    <StackPanel Orientation="Horizontal">
                        <TextBlock>班级：</TextBlock>
                        <TextBlock Text="{Binding Category}" />
                    </StackPanel>
                    <StackPanel Orientation="Horizontal">
                        <TextBlock>在校状态：</TextBlock>
                        <TextBlock Text="{Binding State}" />
                    </StackPanel>
                </StackPanel>
            </Grid>
        </DataTemplate>
    </GridView.ItemTemplate>
    <GridView.ItemsPanel>
        <ItemsPanelTemplate>
            <WrapGrid MaximumRowsOrColumns="8" Orientation="Horizontal" />
        </ItemsPanelTemplate>
    </GridView.ItemsPanel>
</GridView>
```

如上面代码所示，首先在第一行代码中，将之前定义好的数据集合 StudentData 绑定到 GridView 的 ItemsSource 中。然后在 ItemTemplate 的 DataTemplate 节点中，定义每个学生的显示外观和相关数据。在这里，显示的是学生的姓名、学号、性别、班级和在校状态。该 DataTemplate 定义的外观效果如图 4-26 所示。

图 4-26 DataTemplate 定义的 ZoomedInView 中每项外观显示效果

8 在 SemanticZoom.ZoomedOutView 节点中，显示的是学生的姓名和班级信息。这里利用 GridView 控件同样可以显示相关信息。先来显示学生的姓名，在 ZoomedOutView 节点中添加一个 GridView，具体代码如下。

```
<GridView Background="DarkSlateBlue" x:Name="GridIn" ItemsSource="{Binding Source={StaticResource
CategoryData}}" SelectionMode="None">
    <GridView.ItemTemplate>
        <DataTemplate>
            <Grid Background="DarkGreen" Height="200" Width="200">
                <TextBlock HorizontalAlignment="Center" VerticalAlignment="Center" FontSize="60"
Text="{Binding Name}" />
            </Grid>
        </DataTemplate>
    </GridView.ItemTemplate>
</GridView>
```

如上面代码所示，首先将之前定义好的数据集合 CategoryData 绑定到 GridView 的 ItemsSource 中。然后在 ItemTemplate 的 DataTemplate 节点中，定义每个学生姓名的外观和数据源。该 DataTemplate 定义的外观效果如图 4-27 所示。

为了在 ZoomedOutView 中显示出班级信息，这里可以利用 GridView 的分组风格（GroupStyle）。接着上面的代码，在 GridView 的 </GridView.ItemTemplate> 节点后面，加入如下代码。

图 4-27 DataTemplate 定义的 ZoomedOutView 中每项外观显示效果

```
<GridView.GroupStyle>
    <GroupStyle HidesIfEmpty="True">
        <GroupStyle.HeaderTemplate>
            <DataTemplate>
                <StackPanel Background="LightGray" Margin="0,0,20,0">
                    <TextBlock Text="{Binding Key}" Foreground="Black" Margin="30" FontSize="32"
Width="350" />
                </StackPanel>
            </DataTemplate>
        </GroupStyle.HeaderTemplate>
        <GroupStyle.Panel>
            <ItemsPanelTemplate>
                <VariableSizedWrapGrid/>
            </ItemsPanelTemplate>
        </GroupStyle.Panel>
    </GroupStyle>
</GridView.GroupStyle>
```

如上面代码所示，将 TextBlock 显示的信息绑定到 CategoryData 的 Key，也就是班级的名称。

至此，代码编写完毕，程序运行后的主画面如图 4-28 所示。该画面是 SemanticZoom 控件的 ZoomedInView 显示状态（也是默认显示状态），在图中，可以看到所有的学生以及各自的相关信息。

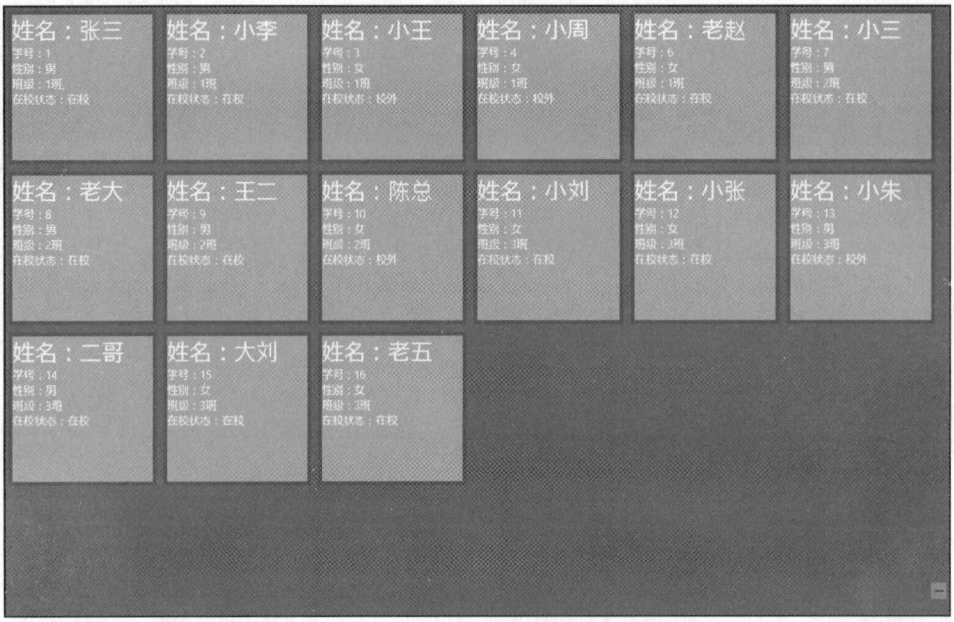

图 4-28　程序中显示出的 ZoomedInView 画面

此时，按下【Ctrl＋－】键，会切换到如图 4-29 所示画面，从图中可以看出每个班级对应的学生姓名。

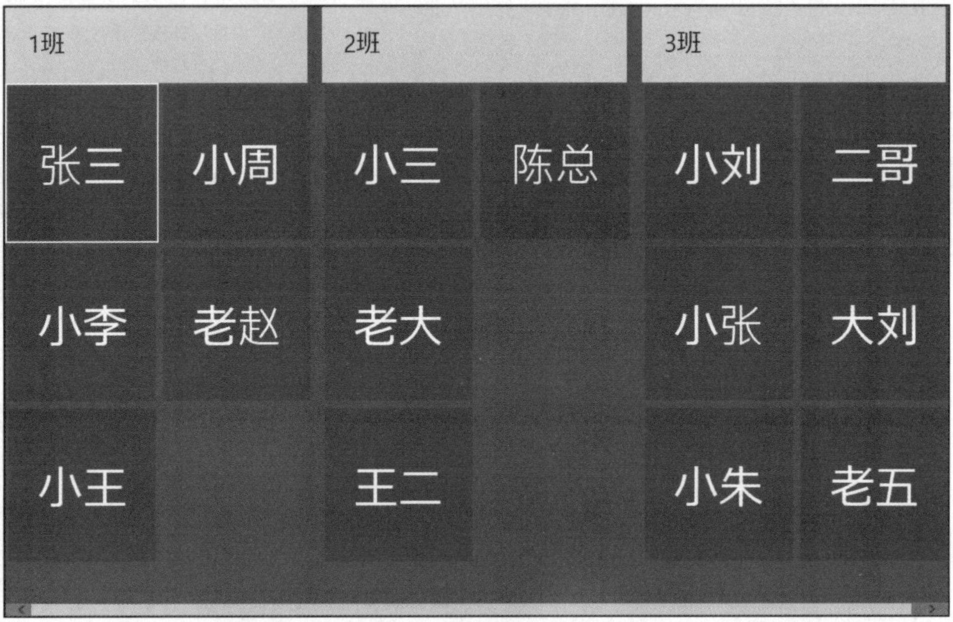

图 4-29　程序中显示出的 ZoomedOutView 画面

4.10　自定义 Button

系统提供的 Button 控件使用起来非常方便和简单，本书就不对此进行相关介绍了。在本节中，笔者将自定义一个 Button，实现 Windows 8 开始屏幕中磁贴的按下和移动效果。

★ 提示 磁贴内容的更新效果不在实现范围内。

在 Windows 8 的开始屏幕上都是一些方块，当我们用鼠标或者手指去触摸时，会有不同的按下倾斜效果，移动的时候也会有放大和半透明的效果。这种效果的用户体验非常棒。图 4-30 是磁贴的 3 种显示效果。

（a）正常显示状态

（b）按下磁贴的左边时，左边会有按下倾斜效果 　　　（c）移动磁贴时，磁贴呈现出放大和半透明效果

图 4-30　Windows 8 开始屏幕上方块的操作效果

这样的效果是怎样实现的呢？下面是 3 个关键的技术点。

① 继承自 Button，这样会方便很多，只需要做极少部分的处理。

② 截获按下事件时，首先分析按下位置，然后根据位置处理不同的效果。磁贴按在不同的地方，会有不同的倾斜效果。

③ 移动过程中对按钮做放大和半透明处理，增加用户体验。

关键技术分析好了，下面就来自定义这种效果的按钮（笔者称这样的按钮为 TileButton），具体步骤如下。

1 新建一个工程，命名为"CustomizeButton"。

2 在工程中添加一个 TileButton 类文件，如图 4-31 所示。

图 4-31　添加一个 TileButton 类

3 在 TileButton.cs 文件中添加如下代码。

```
using System;
using System.Collections.Generic;
using System.Diagnostics;
using System.Linq;
using System.Text;
using System.Threading.Tasks;
using Windows.Foundation;
using Windows.UI.Xaml;
using Windows.UI.Xaml.Controls;
using Windows.UI.Xaml.Input;
using Windows.UI.Xaml.Media;
namespace CustomizeButton
{
    class TileButton : Button
    {
        // 翻转效果
        PlaneProjection projection;
        // 移动、缩放、旋转等转换
        CompositeTransform transform;
        // 按下时，倾斜的角度
        int angle = 10;
        // 拖动多远时，开始移动空间
        double dragoffx = 5;
        double dragoffy = 5;
        // 构造函数  做一些初始化工作
        public TileButton()
        {
            projection = new PlaneProjection();
            Projection = projection;
            transform = new CompositeTransform();
            RenderTransform = transform;
            ManipulationMode = ManipulationModes.Rotate | ManipulationModes.Scale |
ManipulationModes.TranslateX | ManipulationModes.TranslateY;
        }
        /*
         * 按下时的事件处理，分两个步骤
         * 1. 首先判断当前按下去的位置在控件的哪个区域（控件共分为 9 个区域，详见 PressPointLocation
定义）
         * 2. 根据按下去的位置，对控件做不同的效果
         */
        protected override void OnPointerPressed(Windows.UI.Xaml.Input.PointerRoutedEventArgs e)
        {
            // 获得当前区域位置
            PressPointLocation location = GetPointLocation(e.GetCurrentPoint(this).Position);
            // 开始对控件做效果处理

            if (location == (PressPointLocation.Left | PressPointLocation.YCenter))
            {// 左中
                projection.RotationY = angle;
```

```
            projection.CenterOfRotationX = 1;
}
else if (location == (PressPointLocation.Left | PressPointLocation.Top))
{// 左上
            projection.RotationX = -angle;
            projection.RotationY = angle;
            projection.CenterOfRotationX = 1;
            projection.CenterOfRotationY = 1;
}
else if (location == (PressPointLocation.Top | PressPointLocation.XCenter))
{// 上中
            projection.RotationX = -angle * 2;
            projection.CenterOfRotationY = 1;
}
else if (location == (PressPointLocation.Right | PressPointLocation.Top))
{// 右上
            projection.RotationY = projection.RotationX = -angle;
            projection.CenterOfRotationX = 0;
            projection.CenterOfRotationY = 1;
}
else if (location == (PressPointLocation.Right | PressPointLocation.YCenter))
{// 右中
            projection.RotationY = -angle;
            projection.CenterOfRotationX = 0;
}
else if (location == (PressPointLocation.Right | PressPointLocation.Bottom))
{// 右下
            projection.RotationX = angle;
            projection.RotationY = -angle;
            projection.CenterOfRotationX = 0;
            projection.CenterOfRotationY = 0;
}
else if (location == (PressPointLocation.Bottom | PressPointLocation.XCenter))
{// 下中
            projection.RotationX = angle * 2;
            projection.CenterOfRotationY = 0;
}
else if (location == (PressPointLocation.Left | PressPointLocation.Bottom))
{// 左下
            projection.RotationY = projection.RotationX = angle;
            projection.CenterOfRotationX = 1;
            projection.CenterOfRotationY = 1;
}
else if (location == (PressPointLocation.XCenter | PressPointLocation.YCenter))
{// 正中
            CompositeTransform transform = RenderTransform as CompositeTransform;
            transform.CenterX = ActualWidth/2;
            transform.CenterY = ActualHeight/2;
            transform.ScaleX = 0.9;
            transform.ScaleY = 0.9;
}
```

```
}
/*
 * 按下放开时的事件处理
 * 主要是做一些还原处理（旋转角度归零、缩放还原、透明度设置等）
 */
protected override void OnPointerReleased(Windows.UI.Xaml.Input.PointerRoutedEventArgs e)
{
    projection.RotationX = 0;
    projection.RotationY = 0;
    CompositeTransform transform = RenderTransform as CompositeTransform;
    transform.CenterX = ActualWidth / 2;
    transform.CenterY = ActualHeight / 2;
    transform.ScaleX = 1;
    transform.ScaleY = 1;
    Opacity = 1;
    dragoffx = 0;
    dragoffy = 0;
}
/*
 * 有移动等操作时的事件处理
 * 主要包括移动、放大、透明等
 */
protected override void OnManipulationDelta(ManipulationDeltaRoutedEventArgs e)
{
    dragoffx += e.Delta.Translation.X;
    dragoffy += e.Delta.Translation.Y;
    if (-10 <= dragoffx && dragoffx <= 10 && -10 <= dragoffy && dragoffy <= 10)
        return;
    transform.CenterX = ActualWidth / 2;
    transform.CenterY = ActualHeight / 2;
    transform.ScaleX = 1.1;
    transform.ScaleY = 1.1;
    Opacity = 0.5;
    projection.RotationX = 0;
    projection.RotationY = 0;
    transform.TranslateX += e.Delta.Translation.X;
    transform.TranslateY += e.Delta.Translation.Y;
    transform.ScaleX *= e.Delta.Scale;
    transform.ScaleY *= e.Delta.Scale;
    transform.Rotation += e.Delta.Rotation;
    base.OnManipulationDelta(e);
}
/*
 * 获取控件所在的区域算法
 */
PressPointLocation GetPointLocation(Point point)
{
    PressPointLocation location = PressPointLocation.None;
    double tempwidth = ActualWidth / 3;
    if (point.X < tempwidth)
    {
```

```
                    location |= PressPointLocation.Left;
                }
                else if (point.X > tempwidth * 2)
                {
                    location |= PressPointLocation.Right;
                }
                else
                {
                    location |= PressPointLocation.XCenter;
                }
                double tempheight = ActualHeight / 3;
                if (point.Y < tempheight)
                {
                    location |= PressPointLocation.Top;
                }
                else if (point.Y > tempheight * 2)
                {
                    location |= PressPointLocation.Bottom;
                }
                else
                {
                    location |= PressPointLocation.YCenter;
                }
                Debug.WriteLine(location.ToString());
                return location;
            }
        }
        public enum PressPointLocation
        {
            None = 0,
            Left = 1,
            Top = 2,
            Right = 4,
            Bottom = 8,
            XCenter = 16,
            YCenter = 32
        }
}
```

代码中的一些注释可以很好地解释控件的自定义方法。下面来说明主要的实现过程。

首先，TileButton 继承自 Button，然后通过监听如下 3 个方法监听按下事件。

① OnPointerPressed

② OnManipulationDelta

③ OnPointerReleased

这 3 个方法分别处理控件的按下、移动和松开事件。

当 OnPointerPressed 被调用时，说明控件被按下，此时可以获取按下的位置，并根据所在区域对控件做出相应的倾斜效果。

当 OnManipulationDelta 被调用时，说明正在做移动操作，那么在 OnManipulationDelta 方法中，对控件做出放大、透明和移动处理。

当 OnPointerReleased 被调用时，说明按下事件结束，此时在该方法中主要是做一些还原处理——旋转角度归零、缩放还原、透明度设置等。

控件定义好了，下面就来看看使用效果。

4 在 MainPage.xaml 文件中，添加如下代码。

```xml
<Grid Background="Green">
    <local:TileButton Background="DarkGray" HorizontalAlignment="Center" Height="150"
VerticalAlignment="Center" Width="310"   >
        <local:TileButton.Content>
            <Grid Margin="0 0 0 0">
                <Image Source="Assets/widelogo.png" Margin="-15,-9,-16,-10"/>
                <Image Source="Assets/logo.png" Margin="-19,94,234,-6"/>
                <TextBlock Text="5" FontSize="30" Foreground="Red" Margin="244,90,0,0"/>
                <TextBlock Text="你有新的消息" FontSize="25" FontFamily="宋体"   Margin="17,49,0,43"/>
                <Grid Margin="-15,-9,-16,-10" Visibility="Visible">
                    <Grid.ColumnDefinitions>
                        <ColumnDefinition/>
                        <ColumnDefinition/>
                        <ColumnDefinition/>
                    </Grid.ColumnDefinitions>
                    <Grid.RowDefinitions>
                        <RowDefinition/>
                        <RowDefinition/>
                        <RowDefinition/>
                    </Grid.RowDefinitions>
                    <Border BorderThickness="1" BorderBrush="DarkGoldenrod" Grid.Column="0"
Grid.Row="0"/>
                    <Border BorderThickness="1" BorderBrush="DarkGoldenrod" Grid.Column="0"
Grid.Row="1"/>
                    <Border BorderThickness="1" BorderBrush="DarkGoldenrod" Grid.Column="0"
Grid.Row="2"/>
                    <Border BorderThickness="1" BorderBrush="DarkGoldenrod" Grid.Column="1"
Grid.Row="0"/>
                    <Border BorderThickness="1" BorderBrush="DarkGoldenrod" Grid.Column="1"
Grid.Row="1"/>
                    <Border BorderThickness="1" BorderBrush="DarkGoldenrod" Grid.Column="1"
Grid.Row="2"/>
                    <Border BorderThickness="1" BorderBrush="DarkGoldenrod" Grid.Column="2"
Grid.Row="0"/>
                    <Border BorderThickness="1" BorderBrush="DarkGoldenrod" Grid.Column="2"
Grid.Row="1"/>
                    <Border BorderThickness="1" BorderBrush="DarkGoldenrod" Grid.Column="2"
Grid.Row="2"/>
                </Grid>
            </Grid>
        </local:TileButton.Content>
    </local:TileButton>
</Grid>
```

如上面代码所示，在 Grid 控件中定义了一个 TileButton 控件，为了增强显示效果，还在这个

TileButton 控件的 Content 中添加了一些内容（如果要实现磁贴的更新效果，可以将内容添加到 TileButton 的 Content 中）。

★ 提 示　其中，3 行 3 列的 Grid 控件是为了演示需要为控件划分的不同区域。在实际开发中不需要如此。

程序运行效果如图 4-32 所示。

（a）正常状态显示效果　　　　　（b）按钮左边按下时的显示效果　　　　　（c）移动按钮时的放大透明效果

图 4-32　自定义 TileButton 的 3 种效果

4.11　图片浏览器

本节将通过一个图片浏览器程序，介绍如何将 FlipView 和 GridView 结合起来使用。

将要实现的程序草图设计如图 4-33 所示。

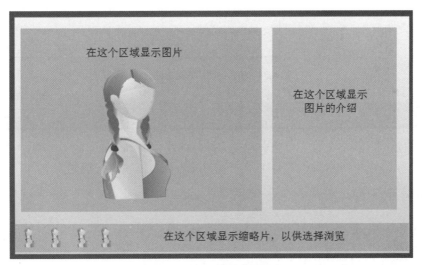

图 4-33　图片浏览器草图设计

可以看出，该图片浏览器有一个画面，共分为 3 个区域：左上角用来显示图片，右上角显示图片介绍，底部显示图片的缩略，以供选择浏览。

图 4-34 是图片浏览器的类图设计。

我们来看看该图表达的内容：首先，App 类拥有 MainPage，在 MainPage 里面拥有 3 个主要的对象：数据模型 MainPageViewModel 和两个界面控件——GridView 和 FlipView。其中，MainPage 与这 3 个对象是组合关系（Composition），GridView 和 FlipView 之间则涉及到绑定关系。

其次，在 MainPageViewModel 里面有一个 ImageData 列表，GridView 和 FlipView 与 ImageData 的关系是聚合关系（Aggregation）。

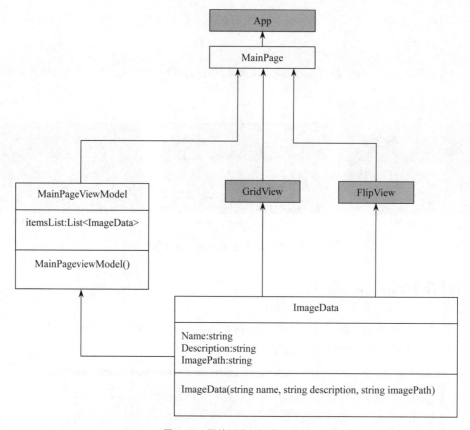

图 4-34　图片浏览器的类图设计

可见，图片浏览器内部各个类之间的关系实际上并不复杂。

至此已经完成了程序草图设计和类图的构建。下面就来实现这个程序，具体步骤如下。

1 新建工程。利用 VS 新建一个空白程序，并命名为"PictrueView"。

2 数据准备。在 PictrueView 工程中添加一个 ImageData.cs 文件，代码如下。

```csharp
public class ImageData
{
    public string Name { get; set; }
    public string Description { get; set; }
    public string ImagePath { get; set; }
    public ImageData(string name , string imagePath, string description)
    {
        Name = name;
        Description = description;
        ImagePath = imagePath;
    }
}
```

如上面代码所示，定义了一个 ImageData 类，里面包含 3 个属性：图片的名称、描述以及图片路径。

上面的工作完成之后，再在工程中添加一个 MainPageViewModel.cs 文件，里面定义很简单，就是一个 List 数据，用来存储将要在界面显示的数据。代码如下。

```
class MainPageViewModel
{
    public List<ImageData> itemsList { get; set; }
    public MainPageViewModel()
    {
        itemsList = new List<ImageData>();
        itemsList.Add(new ImageData("抚仙湖", "image/1.jpg", "抚仙湖\n 环境非常宜人"));
        itemsList.Add(new ImageData("大理洱海", "image/2.jpg", "大理洱海\n 冬季的洱海"));
        itemsList.Add(new ImageData("澜沧江畔", "image/3.jpg", "澜沧江畔\n 清澈的河水"));
        itemsList.Add(new ImageData("北京马拉松", "image/4.jpg", "北京马拉松\n 天安门长安街起跑"));
        itemsList.Add(new ImageData("家门口", "image/5.jpg", "家门口\n 春天的油菜花"));
        itemsList.Add(new ImageData("玉龙雪山", "image/6.jpg", "玉龙雪山\n 美丽的高原雪山"));
    }
}
```

如上面代码，在 MainPageViewModel.cs 文件中定义了一个数据模型，并初始化了一些数据。

★ 提示 里面的数据是为了演示用的，真实的项目中可能是从数据库或者网络获得的。

3 界面编写。至此数据准备好了，下面就是界面的编写，根据之前设计的草图，在 MainPage.xaml 文件中，用下面的代码替换。

```
<Page
    x:Class="PictureView.MainPage"
    xmlns="http://schemas.microsoft.com/winfx/2006/xaml/presentation"
    xmlns:x="http://schemas.microsoft.com/winfx/2006/xaml"
    xmlns:local="using:PictureView"
    xmlns:d="http://schemas.microsoft.com/expression/blend/2008"
    xmlns:mc="http://schemas.openxmlformats.org/markup-compatibility/2006"
    mc:Ignorable="d">
    <Page.DataContext>
        <local:MainPageViewModel />
    </Page.DataContext>
    <Grid Background="{StaticResource ApplicationPageBackgroundThemeBrush}">
        <Grid.RowDefinitions>
            <RowDefinition Height="*" />
            <RowDefinition Height="auto" />
        </Grid.RowDefinitions>
        <FlipView x:Name="imageFlipView" Grid.Row="0"
                ItemsSource="{Binding itemsList}">
            <FlipView.ItemTemplate>
                <DataTemplate>
                    <Grid>
                        <Grid.RowDefinitions>
                            <RowDefinition Height="auto" />
                            <RowDefinition Height="*" />
                        </Grid.RowDefinitions>
                        <Grid.ColumnDefinitions>
                            <ColumnDefinition Width="2*" />
                            <ColumnDefinition Width="*" />
                        </Grid.ColumnDefinitions>
```

```
                    <Image Source="{Binding ImagePath}"
                            Grid.Column="0"
                            Grid.Row="0"
                            Grid.RowSpan="2"
                            Stretch="Uniform" />
                    <TextBlock Text="{Binding Name}"
                            Grid.Column="1"
                            Grid.Row="0"
                            FontSize="100"
                            Margin="0 100" HorizontalAlignment="Center"/>
                    <TextBlock Text="{Binding Description}"
                            Grid.Column="1"
                            Grid.Row="1"
                            Margin="12 12 12 0"
                            TextWrapping="Wrap"
                            FontSize="50"
                            Foreground="Red"
                            HorizontalAlignment="Center"
                            VerticalAlignment="Top"/>
                </Grid>
            </DataTemplate>
        </FlipView.ItemTemplate>
    </FlipView>
    <GridView ItemsSource="{Binding itemsList}" Name="imageListView" Grid.Row="1" Height="100"
SelectedIndex="{Binding ElementName=imageFlipView,Path=SelectedIndex, Mode=TwoWay}">
        <GridView.ItemsPanel>
            <ItemsPanelTemplate>
                <WrapGrid Orientation="Vertical" MaximumRowsOrColumns="1"
                ScrollViewer.HorizontalScrollBarVisibility="Auto" ></WrapGrid>
            </ItemsPanelTemplate>
        </GridView.ItemsPanel>
        <GridView.ItemTemplate>
            <DataTemplate>
                <Image Height="80" Width="90" Source="{Binding ImagePath}" Stretch="Uniform" />
            </DataTemplate>
        </GridView.ItemTemplate>
    </GridView>
  </Grid>
</Page>
```

　　如上面代码所示，首先是定义一个 Page. DataContext 节点，并在这里初始化了一个数据模型，供界面使用。然后是在 Grid 控件中添加一个 FlipView 控件和一个 GridView 控件。关于这两个控件的用法，已在 4.5 节和 4.6 节介绍，在此就不详细说明了。

　　在这里唯一要解释的是在 GridView 中的代码。

SelectedIndex="{Binding ElementName=imageFlipView,Path=SelectedIndex, Mode=TwoWay}

　　该代码的作用是将 GridView 的 SelectedIndex 属性绑定到名为 imageFlipView 控件的 SelectedIndex 属性，并且是双向绑定（Mode=TwoWay）。这意味着，无论是 GridView 控件的选中项被改变了，还是 FlipView 的选中项被改变了，另外一个控件的选中项都会发生相应的变化。

运行程序，效果如图 4-35 所示。

图 4-35　图片浏览器运行画面

可见，该图片浏览器通过 FlipView 和 GridView 两个控件，成功实现了图片和相关信息的展示。

4.12　结束语

本章首先给出了 Windows 8 中可用控件的继承关系图，帮助读者建立直观认识。然后重点介绍了 Grid、Frame、AppBar、FlipView、GridView、ProgressBar、ProgressRing 和 SemanticZoom 控件各自的功能、属性和方法等，并通过示例给出了每个控件的具体使用方法。此外，还介绍了如何自定义一个 Button 控件，实现开始屏幕中磁贴的按下和移动效果。最后，通过一个图片浏览器程序，介绍如何将 FlipView 和 GridView 结合起来使用，以加深读者对控件使用的理解。

下一章将介绍 Windows 商店应用程序开发中的合约，这是一个全新的概念。

第 5 章　合　约

5.1　合约简介

在 Windows 商店应用程序开发中，很快就会使用到合约（Contract）功能。合约是 Windows 8 中至关重要的全新概念，作为开发者，有必要掌握。

> ★提示　在 Visual Studio Express 2012 for Windows 8 中将 Contract 翻译为协定，笔者认为叫做合约更符合习惯，因此在本书中，都会将 Contract 称为合约。

通常所说的合约是一个正式的协议，是在两个以上的当事人之间定义好的一组权利和责任，最终的目标是在当事人间起到互惠互利的作用。而在开发中所说的合约是完全不同的一个概念。开发中的"合约"是这样的一种方法：它以正式的方式宣布一个组件（或程序）的需求、功能或数据格式，其他的组件（或程序）则通过这个合约获知如何与该组件（或程序）进行交互。

上面的说法稍微有点抽象，直白一点来说，Windows 8 中的合约发挥着纽带的作用，它可以将您的应用程序与其他应用程序以及系统 UI 进行关联。

Windows 8 已经定义了一些合约，主要包括：搜索合约、共享合约、设置合约、文件打开选取器合约和文件保存选取器合约等。本章将重点介绍搜索合约、共享合约和设置合约。文件打开选取器合约和文件保存选取器合约将在第 6 章进行介绍。

这 3 个合约还涉及 Windows 8 中一个新的概念：Charm。将鼠标移动到屏幕的左上角，或者在可以触摸的设备上，在屏幕的右边缘向左滑动，就可以看到 Windows 8 中提供的 Charm，如图 5-1 右侧所示。

图 5-1　由系统提供的 5 个 Charm

图 5-1 右侧的 5 个 Charm 分别是：搜索、共享、开始、设备和设置。其中开始 Charm 实际上就是一个按钮，点击之后会切换到开始屏幕。这 5 个 Charm 中，最重要的就是搜索、共享和设置了。这 3 个 Charm 分别对应着搜索合约、共享合约和设置合约，当点击对应的 Charm 之后，就会进入相应的合约功能面板。

5.2　搜索合约

本节我们就来看看 Windows 8 中的搜索合约，并通过实例来学习如何将搜索合约集成到程序中。

5.2.1　搜索合约简介

在过去的 10 年里，"搜索"已经成为搜索引擎的代名词。实际上，在 Windows 中，搜索也已经变得很重要，可以通过搜索来查找要启动的应用程序。如今在 Windows 8 中，对应用程序、设置和文件的搜索也显得更加人性化，其搜索界面如图 5-2 所示。

图 5-2　Windows 8 的搜索界面

有一个更好的消息是，在 Windows 8 中微软已经对搜索进行了扩展——可以将搜索功能集成到 Windows 商店应用程序中。图 5-2 的右下角是一个已经激活搜索功能的程序列表，用户可以选择列表中的某个程序以进行程序内部的搜索。笔者在搜索框中输入关键字"天气"，并选择"应用商店"程序，然后点击搜索，此时如果应用商店还没有启动的话，会先启动程序然后进行搜索，如果程序已经启动了，则会直接进行搜索。"天气"的搜索结果画面如图 5-3 所示。

从上面的示例可以看出，搜索已经变成应用程序的一个主要入口点。开发者如果在程序中提供索搜功能，会大大提升用户的体验。下面就来看看如何将搜索合约集成到程序中。

图 5-3 在应用商店内部进行"天气"搜索

5.2.2 在程序中集成搜索合约

将搜索合约集成到程序中其实并不复杂，具体步骤如下。

1 新建工程。新建一个空白工程，并命名为"SearchContract"。双击打开工程中的 Package.appxmanifest 文件，并选中声明项，可以看到在支持的声明中还是空白的，如图 5-4 所示。

2 添加搜索合约。在工程中右键单击添加→新建项。在弹出的对话框中选中搜索协定，并填入名称"SearchResult.xaml"，然后单击【添加】按钮，如图 5-5 所示。

图 5-4 新建空白程序中支持的声明还是空白

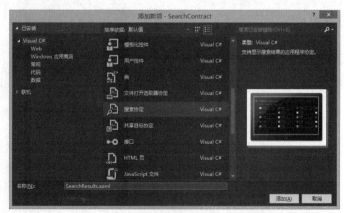

图 5-5 在工程中添加搜索合约功能

单击【添加】按钮之后，会提示需要添加一些文件，如图 5-6 所示，此时单击【是】按钮即可。

完成上面的操作之后，工程目录应该如图 5-7 所示。

还记得在步骤 1 中看到的 Package.appxmanifest 文件声明中还是空白的吗？现在打开 Package.appxmanifest 文件，可以看到声明中已经多了一项：搜索，如图 5-8 所示。有了搜索声明，就说明该程序已经支持搜索合约功能了。

图 5-6　添加一些依赖文件

图 5-7　添加完搜索合约后的工程目录

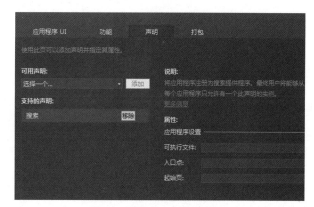

图 5-8　程序已经支持搜索合约

虽然程序已经支持搜索合约功能了，但是搜索离不开数据和相关搜索业务逻辑。下面就来准备一些数据并实现搜索的业务逻辑。

3 准备数据模型。这里使用的数据与 4.9 节中的一样。在工程中新建一个 Student.cs 类文件，并在该文件中添加如下代码。

```
using System;
using System.Collections.Generic;
using System.Linq;
using System.Text;
using System.Threading.Tasks;
namespace SearchContract
{
    class Student
    {
        public int Number { get; set; }          // 学号
        public string Symbol { get; set; }        // 性别
        public string Name { get; set; }          // 姓名
        public string Category { get; set; }      // 班级
        public string State { get; set; }         // 状态
    }
}
```

上面代码中 Student 类定义了学生的数据结构，包括：学号、性别、姓名、班级和状态。

数据结构定义好了，下面来初始化一个学生列表。打开 SearchResults.xaml.cs 文件，首先在 Student 类的开头声明并创建一个学生列表，代码如下。

```
List<Student> students = new List<Student>();
```

　　然后定义方法 BuildStudentList，利用该方法给 students 列表添加一些数据，代码如下。

```
private void BuildStudentList()
{
    students.Add(new Student { Number = 001, Category = "1 班", Name = "张三", Symbol = "男", State = "在校" });
    students.Add(new Student { Number = 002, Category = "1 班", Name = "小李", Symbol = "男", State = "在校" });
    students.Add(new Student { Number = 003, Category = "1 班", Name = "小王", Symbol = "女", State = "校外" });
    students.Add(new Student { Number = 004, Category = "1 班", Name = "小周", Symbol = "女", State = "校外" });
    students.Add(new Student { Number = 006, Category = "1 班", Name = "老赵", Symbol = "女", State = "在校" });
    students.Add(new Student { Number = 007, Category = "2 班", Name = "小陈", Symbol = "男", State = "在校" });
    students.Add(new Student { Number = 008, Category = "2 班", Name = "老大", Symbol = "男", State = "在校" });
    students.Add(new Student { Number = 009, Category = "2 班", Name = "王二", Symbol = "男", State = "在校" });
    students.Add(new Student { Number = 010, Category = "2 班", Name = "陈总", Symbol = "女", State = "校外" });
    students.Add(new Student { Number = 011, Category = "3 班", Name = "小刘", Symbol = "女", State = "在校" });
    students.Add(new Student { Number = 012, Category = "3 班", Name = "小张", Symbol = "女", State = "在校" });
    students.Add(new Student { Number = 013, Category = "3 班", Name = "小朱", Symbol = "男", State = "校外" });
    students.Add(new Student { Number = 014, Category = "3 班", Name = "二哥", Symbol = "男", State = "在校" });
    students.Add(new Student { Number = 015, Category = "3 班", Name = "大刘", Symbol = "女", State = "在校" });
    students.Add(new Student { Number = 016, Category = "3 班", Name = "老五", Symbol = "女", State = "在校" });
}
```

　　接着在构造函数 SearchResults 的最后调用方法 BuildStudentList。

　　4 实现搜索逻辑。在这里根据学生的姓名进行搜索。首先声明一个字符串，用来存储用户输入的搜索关键字。在 students 声明后面添加下面一行代码。

```
string searchString;
```

　　当点击搜索面板中的搜索按钮时（该按钮如图 5-9 所示，是一个放大镜按钮图标），系统首先会调用 App.xaml.cs 文件中的 OnSearchActivated 方法，该方法有重要的一行代码。

```
frame.Navigate(typeof(SearchResults), args.QueryText);
```

　　上面的这行代码表示导航到 SearchResults 页面，并传递一个参数到页面中，该参数就是用户在图 5-9 中的文本框中输入的搜索关键字。OnSearchActivated 方法是在步骤 2 中添加搜索合约时，

系统自动添加到 App.xaml.cs 文件中的。如果希望导航到
别的页面进行搜索，只需要将代码中的 SearchResults 修改
为对应的页面即可。

OnSearchActivated 方法调用之后，SearchResults 会显
示出来，接着会调用 LoadState 方法，该方法接收从
OnSearchActivated 传递过来的搜索关键字。将该搜索关键
字存储到 searchString 中，代码如下。

图 5-9　搜索合约中的按钮

```
protected override void LoadState(Object navigationParameter, Dictionary<String, Object> pageState)
{
searchString = (navigationParameter as String).ToLower();
…此处略去一些代码
}
```

上面函数调用过后，紧接着会调用 Filter_SelectionChanged 方法，我们在这个方法中处理搜索
结果。用下面的代码替换 Filter_SelectionChanged 方法中的内容：

```
void Filter_SelectionChanged(object sender, SelectionChangedEventArgs e)
{
    // 确定选定的筛选器
    var selectedFilter = e.AddedItems.FirstOrDefault() as Filter;
    if (selectedFilter != null)
    {
        selectedFilter.Active = true;
        IEnumerable<Student> searchResults = from el in students
                                             where el.Name.ToLower().Contains(searchString)
                                             orderby el.Name ascending
                                             select el;
        this.DefaultViewModel["Results"] = searchResults;
        // Ensure results are found
        object results;
        IEnumerable<Student> resultsCollection;
        if (this.DefaultViewModel.TryGetValue("Results", out results) &&
            (resultsCollection = results as IEnumerable<Student>) != null &&
            resultsCollection.Count() != 0)
        {
            VisualStateManager.GoToState(this, "ResultsFound", true);
            return;
        }
    }
VisualStateManager.GoToState(this, "NoResultsFound", true);
```

上面的代码利用了一个简单 LINQ 语句，在 students 列表中搜索包含 searchString 关键字的条
目，并将搜索到的结果保存到 DefaultViewModel 中。该函数中后面的几行代码，对搜索结果进行
了判断处理，如果搜索到条目了，就显示出来。

至此，搜索逻辑已经实现完成，下一步就是将搜索到的数据显示到界面中。

5 实现搜索界面。打开 SearchResults.xaml 文件，在该文件中有一个名为"resultsGridView"
的 GridView 控件，以及名为"resultsListView"的 ListView 控件。这两个控件都默认设置了

ItemTemplate。在这里，需要定义自己的 ItemTemplate，以使搜索界面根据自己的需求进行显示。首先将这两个控件的 ItemTemplate 属性都修改为 StudentItemTemplate。代码如下。

```
ItemTemplate="{StaticResource StudentItemTemplate}
```

然后在 SearchResults.xaml 文件的顶部找到<Page.Resources>，并在这个节点中定义一个名为"StudentItemTemplate"的 DataTemplate。代码如下。

```
<Grid   Height="200" Width="200">
        <StackPanel Background="DarkGreen" Margin="5,5,5,5" Height="195" Width="195">
            <StackPanel Orientation="Horizontal">
                <TextBlock FontSize="30">姓名：</TextBlock>
                <TextBlock FontSize="30" Text="{Binding Name}" />
            </StackPanel>
            <StackPanel Orientation="Horizontal">
                <TextBlock>学号：</TextBlock>
                <TextBlock Text="{Binding Number}" />
            </StackPanel>
            <StackPanel Orientation="Horizontal">
                <TextBlock>性别：</TextBlock>
                <TextBlock Text="{Binding Symbol}" />
            </StackPanel>
            <StackPanel Orientation="Horizontal">
                <TextBlock>班级：</TextBlock>
                <TextBlock Text="{Binding Category}" />
            </StackPanel>
            <StackPanel Orientation="Horizontal">
                <TextBlock>在校状态：</TextBlock>
                <TextBlock Text="{Binding State}" />
            </StackPanel>
        </StackPanel>
    </Grid>
</DataTemplate>
```

细心的读者可能已经发现，这与 3.9 节中的定义基本相同。接着，将<Page.Resources>节点中的 AppName 值修改为"搜索合约示例程序"，代码如下。

```
<x:String x:Key="AppName">搜索合约示例程序</x:String>
```

至此，程序的搜索功能已经实现。启动程序，单击【搜索】按钮，弹出搜索面板后，在文本框中输入关键字"小"，如图 5-10 所示。

输入关键字之后，按回车键或者单击搜索按钮，可以看到搜索出了所有姓名中带"小"的学生，如图 5-11 所示。

图 5-10　在搜索面板中输入关键字"小"

⭐提 示　为了方便搜索面板的弹出，笔者在 MainPage.xaml 中添加了一个搜索按钮，点击这个按钮就可以将搜索面板（图 5-9）弹出来。简单的一行代码如下。

```
SearchPane.GetForCurrentView().Show();
```

图 5-11　关键字"小"的搜索结果

5.2.3　提供搜索建议

读者可能认为前面已经实现了搜索合约的全部功能。其实，在搜索合约中，还有能够增加用户体验的其他功能，搜索建议就是其中一个。大家在使用 Bing 或者百度搜索引擎时会遇到这样的情况：输入一个关键字后，搜索引擎会根据关键字列出相关的搜索建议列表，供用户选择以进行搜索。图 5-12 就是利用 Bing 搜索时系统给出的搜索建议。

图 5-12　Bing 搜索给出的搜索建议

在 Windows 商店应用中利用搜索合约功能时，提供搜索建议也非常简单，只需要注册一个 SearchPane 的 SuggestionsRequested 事件，并实现事件处理方法，且在方法中返回搜索建议即可。下面来看看具体实现代码。

在 SearchResults.xaml.cs 文件中，添加如下 3 个方法。

```
protected override void OnNavigatedTo(NavigationEventArgs e)
{
    base.OnNavigatedTo(e);
    searchPane.SuggestionsRequested += searchPane_SuggestionsRequested;
}
protected override void OnNavigatingFrom(NavigatingCancelEventArgs e)
{
    base.OnNavigatingFrom(e);
    searchPane.SuggestionsRequested -= searchPane_SuggestionsRequested;
}
void searchPane_SuggestionsRequested(SearchPane sender, SearchPaneSuggestionsRequestedEventArgs args)
{
    args.Request.SearchSuggestionCollection.AppendQuerySuggestions((from el in students
                                                    where el.Name.StartsWith(args.QueryText)
                                                    orderby el.Name ascending
                                                    select el.Name).Take(5));
}
```

在第一个方法 OnNavigatedTo 中注册一个 Suggestions-Requested 事件，在第二个方法 OnNavigatingFrom 中取消 SuggestionsRequested 事件的注册，然后实现第三个方法 searchPane_SuggestionsRequested 即可。在第三个方法中，从 students 列表中选取出最多 5 个字符串。

★ 提示　系统限制了搜索建议的最大个数为 5。

现在来重新运行程序，会看到搜索面板的显示情况如图 5-13 所示。当输入关键字"小"的时候，在搜索面板中列出了最多 5 个的搜索建议，选中其中一个就可以搜索到相关的结果了。

图 5-13　搜索建议的显示

5.2.4　实时搜索

关于搜索合约，笔者这里再介绍一个小技巧：在搜索面板没有显示出来时，该小技巧可以使用户在程序中输入字符时，简单地将搜索面板显示出来。只需要在 App.xaml.cs 文件的 OnLaunched 和 OnSuspending 方法中各添加一行代码，就可以在整个程序中实现这个功能。

在 OnLaunched 方法中添加如下代码。

```
SearchPane.GetForCurrentView().ShowOnKeyboardInput = true;
```

在 Onsuspending 方法中添加如下代码可以取消该功能。

```
SearchPane.GetForCurrentView().ShowOnKeyboardInput = false;
```

现在运行程序，只需要输入内容，搜索面板会自动打开，并开始捕获用户输入的内容。

5.3　共享合约

本节我们来看看共享合约，并通过实例介绍共享合约中涉及的源程序和目标程序是如何实现的。

5.3.1 共享合约简介

共享合约可以让数据从一个程序（源程序）共享到另外一个程序（目标程序）。

下面是共享合约能够做到的一些事情。

① 将程序中的数据共享到社交网络中，例如新浪微博和腾讯微博等。

② 利用自带的邮件程序，将程序中的数据以邮件的形式发出去。

实际上，在 Windows 8 之前的系统中要想进行类似的共享，开发者不仅要学习程序运行平台的 APIs，还要学习其他一些 APIs，如新浪微博、腾讯微博提供的 APIs。这对开发者无疑是很苦恼的，要想做到高效率是不可能的。

而在 Windows 8 中，只需要关注我们创建的程序即可。如果需要共享数据，通过共享合约，用户可以完全对共享进行控制，开发者只需要准备好共享的内容，而由用户决定共享到哪里，以及如何共享。这样会给用户带来非常棒的体验。

共享合约涉及 3 个重要的角色，如图 5-14 所示（来自微软官方网站）。

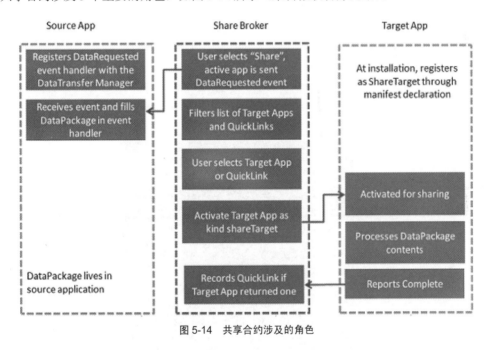

图 5-14　共享合约涉及的角色

图 5-14 中左边是源程序（Source App），中间是共享代理（Share Broker），右边是目标程序（Target App）。可以看出，共享合约的使用流程如下。

① 源程序注册一个 DataTransferManager 的 DataRequested 事件。

② 用户选择"共享"按钮，共享代理发送一个 DataRequested 事件到共享源程序中。

③ 源程序接收到 DataRequested 事件后，提供需要共享的数据。

④ 共享代理根据共享的数据类型，过滤出一个目标程序列表。

⑤ 用户在这些列表中选择一个想要共享的目标程序。

⑥ 共享代理激活目标程序。

⑦ 在目标程序中处理共享的数据。

⑧ 目标程序处理完成之后，向共享代理发送一个共享完成的指令。

在实际的开发过程中，开发者只需要关注两个角色：源程序和目标程序。共享代理由系统负责，开发者不用关心。

下面就分别介绍这两个角色。

5.3.2 源程序

源程序负责提供需要共享的数据。

1）可以共享的数据类型及共享处理

在源程序中可以共享的数据类型有如下 6 种。

① 无格式的纯文本

② 链接共享

③ 链接带格式的 Content/html

④ 文件

⑤ 图片

⑥ 自定义格式的数据

源程序中共享数据只需要订阅 DataTransferManager 的 DataRequested 事件，当用户点击共享按钮时（如图 5-15 左侧所示），DataRequested 事件会被触发。由于源程序与共享代理传递数据是使用 DataPackage 进行的，所以在 DataRequested 事件处理函数中，将需要共享的数据打包到 DataPackage 即可。当用户选择了某个目标程序后，系统的共享代理会将数据自动发送给这个被选中的目标程序。

图 5-15　共享按钮和没有实现 DataRequested 事件的结果

★提 示　如果没有处理 DataRequested 事件的话，会显示图 5-15 右侧画面。

2）数据共享应用示例

下面就通过示例 ShareSourceApp 来介绍上面提到的 6 种数据类型的共享。

首先来准备一下工程。新建一个空白工程，命名为"ShareSourceApp"。然后针对 6 种数据类型分别新建 6 个空白页面：UnformattedTextSource.xaml、LinkSource.xaml、FormattedTextSource.xaml、FileSource.xaml、ImageSource.xaml 和 CustomDataSource.xaml。

上面每个文件的具体实现稍后会分别进行介绍。

接着，在 MainPage 页面中添加一些按钮，分别导航到 6 个页面中。代码相对简单，读者可以打开示例工程 ShareSourceApp 进行查看。图 5-16 是 MainPage 页面运行的效果，每个按钮对应导航到一个不同的页面。

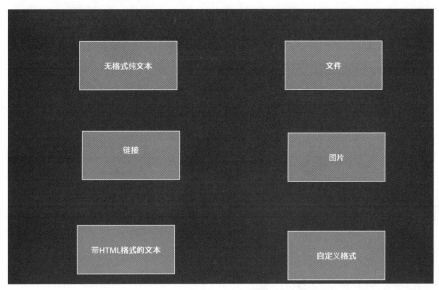

图 5-16　MainPage 运行界面效果

下面我们分别来实现不同数据格式的共享——对上面的不同页面进行编码。

（1）无格式的纯文本共享

打开 UnformattedTextSource.xaml.cs 文件，实现如下 3 个方法。

```
DataTransferManager dtm;
protected override void OnNavigatedTo(NavigationEventArgs e)
    {
        base.OnNavigatedTo(e);
        dtm = DataTransferManager.GetForCurrentView();
        dtm.DataRequested += dtm_DataRequested;
    }
    protected override void OnNavigatingFrom(NavigatingCancelEventArgs e)
    {
        base.OnNavigatingFrom(e);
        dtm.DataRequested -= dtm_DataRequested;
    }
    void dtm_DataRequested(DataTransferManager sender, DataRequestedEventArgs args)
    {
        string textSource = "测试共享源功能！#Windows 商店应用开发技能";
        string textTitle = "Windows 商店应用开发技能";
        string textDescription = "介绍一下共享功能";   //This is an optional value.
        DataPackage data = args.Request.Data;
        data.Properties.Title = textTitle;
        data.Properties.Description = textDescription;
        data.SetText(textSource);
    }
```

上面代码中各个方法的说明如下。

第一个方法 OnNavigatedTo：当进入该页面时，首先调用 DataTransferManager.GetFor-CurrentView( )方法以获得一个 DataTransferManager。接着注册一个 DataRequested 事件。

第二个方法 OnNavigatingFrom：当离开该页面时，取消注册 DataRequested 事件。

第三个方法 dtm_DataRequested：用来处理 DataRequested 事件。在该方法中需要设置需要共享的文字信息，并将数据封装在一个 DataPackage 中。需要注意的是最后一行代码的调用，它的作用是设置需要共享的文本信息。

完成上面的代码编写之后，运行程序，看看效果如何。图 5-17 是单击了【共享】按钮后的界面，显示出上面代码设置的提示信息，并列出了能够进行共享的目标程序。

此时选中邮件程序，会打开邮件程序的共享页面，如图 5-18 所示。

图 5-17　在 UnformattedTextSource 页面选择了共享按钮

图 5-18　选择了邮件程序进行共享后显示的画面

如图 5-18 所示，在 dtm_DataRequested 方法中设置的文本信息"测试共享源功能！#Windows商店应用开发技能"已经传递到邮件程序中了，并且设置的 textTile 属性值"Windows 商店应用开发技能"也当做了邮件的标题。

这样就完成了无格式的纯文本共享。

接下来仅介绍 dtm_DataRequested 方法，因为其他两个方法基本是一样的，只需要将其复制至其他页面中即可。

（2）链接共享

打开 LinkSource.xaml.cs 文件，实现 dtm_DataRequested 方法，代码如下。

```
void dtm_DataRequested(DataTransferManager sender, DataRequestedEventArgs args)
{
    Uri linkSource = new Uri("http://beyondvincent.com");
    string linkTitle = "Windows 商店应用开发技能";
    string linkDescription = "介绍一下共享功能";    //This is an optional value.
    DataPackage data = args.Request.Data;
    data.Properties.Title = linkTitle;
    data.Properties.Description = linkDescription;
    data.SetUri(linkSource);
}
```

上面代码中：方法 dtm_DataRequested 中只有第一行代码和最后一行代码与纯文本共享不同，

其他都是相同的。第一行代码定义了一个 Uri，并指向一个链接。最后一行代码则是调用 SetUri 方法，将 linkSource 设置给 data。这样就完成了链接共享的代码编写。

运行程序，看看效果如何。图 5-19 是单击了【共享】按钮后的界面，显示了上面代码设置的提示信息,并列出了能够进行共享的目标程序。

注意观察图 5-19 与图 5-17，其中，图 5-19 比图 5-17 多了一个可以共享的目标程序：人脉。

在图 5-19 中，选中邮件程序，会打开邮件程序的共享页面，如图 5-20 所示。

图 5-19　在 LinkSource 页面点击了共享按钮后的界面

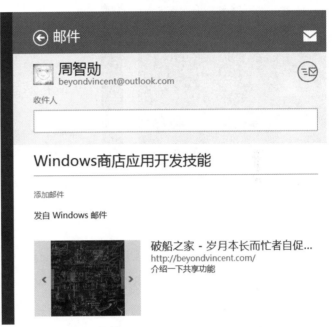

图 5-20　选择了邮件程序进行共享后显示的画面

从图 5-20 中可以看出，邮件程序自动加载了在 dtm_DataRequested 方法中设置的 Uri。

（3）带格式的 Content/html 共享

打开 FormattedTextSource.xaml.cs 文件，实现 dtm_DataRequested 方法，代码如下。

```
void dtm_DataRequested(DataTransferManager sender, DataRequestedEventArgs args)
{
    string HTMLSource = "<strong>这是粗体</strong>这不是粗体    <a href='http://beyondvincent.com'>访问破船</a>";
    string HTMLTitle = "Windows 商店应用开发技能";
    string HTMLDescription = "介绍一下共享功能";    //This is an optional value.
    DataPackage data = args.Request.Data;
    data.Properties.Title = HTMLTitle;
    data.Properties.Description = HTMLDescription;
    data.SetHtmlFormat(HtmlFormatHelper.CreateHtmlFormat(HTMLSource));
}
```

同样，方法 dtm_DataRequested 中只有第一行代码和最后一行代码与纯文本共享不同，其他都是相同的。第一行代码定义了一个 string，并为其赋值了一串带格式的 html 文本信息。最后一行代码则是调用 SetHtmlFormat 方法，并利用 HtmlFormatHelper.CreateHtmlFormat 方法把 HTMLSource 带格式的文本信息赋值给 data。

运行程序，单击【共享】按钮后的界面如图 5-21 所示，显示出上面代码设置的提示信息,并列出了能够进行共享的目标程序。

在图 5-21 中选中邮件程序，会打开邮件程序的共享页面，如图 5-22 所示。

图 5-21　在 FormattedTextSource 页面选择了共享按钮

图 5-22　选择了邮件程序进行共享后显示的画面

可以看出，邮件程序显示出了格式化的字符串。

（4）文件共享

打开 FileSource.xaml.cs 文件，实现 dtm_DataRequested 方法，代码如下。

```
async void dtm_DataRequested(DataTransferManager sender, DataRequestedEventArgs args)
{
    string FileTitle = "Windows 商店应用开发技能";
    string FileDescription = "介绍一下共享功能";    //This is an optional value.
    DataPackage data = args.Request.Data;
    data.Properties.Title = FileTitle;
    data.Properties.Description = FileDescription;
    DataRequestDeferral deferral = args.Request.GetDeferral();
    try
    {
        StorageFile textFile = await Package.Current.InstalledLocation.GetFileAsync("FileForShare.txt");
        List<IStorageItem> files = new List<IStorageItem>();
        files.Add(textFile);
        data.SetStorageItems(files);
    }
    finally
    {
        deferral.Complete();
    }
}
```

注意上面的代码与之前的共享有些不同：方法 dtm_DataRequested 中特殊的地方在于代码中间读取 FileForShare.txt 文件，然后将其添加到一个 files 列表中，并调用 data 的 SetStorageItems 方法。最后不要忘记调用 deferral.Complete()方法，否则将不能实现共享。

运行程序，单击【共享】按钮后的界面如图 5-23 所示，显示出上面代码设置的提示信息,并列出了能够进行共享的目标程序。

在图 5-23 中选中邮件程序，会打开邮件程序的共享页面，如图 5-24 所示。

图 5-23 在 FileSource 页面单击了共享
按钮后的界面

图 5-24 选择了邮件程序进行共享后显示的画面

可以看出，邮件程序把传递过来的 FileForShare.txt 当做附件加载到邮件中。

（5）图片共享

打开 ImageSource.xaml.cs 文件，实现 dtm_DataRequested 方法，代码如下。

```
async void dtm_DataRequested(DataTransferManager sender, DataRequestedEventArgs args)
{
    string FileTitle = "Windows 商店应用开发技能";
    string FileDescription = "介绍一下共享功能";   //This is an optional value.
    DataPackage data = args.Request.Data;
    data.Properties.Title = FileTitle;
    data.Properties.Description = FileDescription;
    DataRequestDeferral waiter = args.Request.GetDeferral();
    try
    {
        StorageFile image = await Package.Current.InstalledLocation.GetFileAsync("Assets\\1.jpg");
        data.Properties.Thumbnail = RandomAccessStreamReference.CreateFromFile(image);
        data.SetBitmap(RandomAccessStreamReference.CreateFromFile(image));
        List<IStorageItem> files = new List<IStorageItem>();
        files.Add(image);
        data.SetStorageItems(files);
    }
    finally
    {
        waiter.Complete();
    }
}
```

图片文件的共享方式有两种：一种与文件共享方式一样，另外一种则需要提供缩略图。上面的代码提供了两种方式的共享：SetBitmap 和 SetStorageItems。这样在目标程序中，就可以选择获取图片还是图片文件。例如 Mail 程序实际上是不接收原始图像的，但是接收放在 StorageItems 中的图片。

运行程序,在 ImageSource 单击【共享】按钮后的界面如图 5-25 所示,显示出上面代码设置的提示信息,并列出了能够进行共享的目标程序。

在图 5-25 中选中邮件程序,会打开邮件程序的共享页面,如图 5-26 所示。

图 5-25　在 ImageSource 页面单击
了共享按钮后的界面

图 5-26　选择了邮件程序进行共享后显示的画面

可以看出,邮件程序将图片以附件的形式添加到程序中。

(6)自定义格式的数据共享

在开发过程中,很有可能需要使用自定义的数据格式。这时需要让目标程序也知道这个数据格式,这样才能对传递过去的数据进行解析处理。一般建议数据格式使用通用的,这样也方便别的程序进行解析。

打开 CustomDataSource.xaml.cs 文件,实现 dtm_DataRequested 方法,代码如下。

```
void dtm_DataRequested(DataTransferManager sender, DataRequestedEventArgs args)
{
    string customData = @"{
        ""type"" : ""http://schema.org/Person"",
        ""properties"" :
        {
        ""image"" : ""http://beyondvincent.com/wp-content/uploads/2013/04/admin-ajax.jpeg"",
        ""name"" : ""BeyondVincent"",
        ""affiliation"" : ""ydtf"",
        ""birthDate"" : ""12/20/1984"",
        ""jobTitle"" : ""ios developer"",
        ""nationality"" : ""china"",
        ""gender"" : ""Male""
        }
    }";
    string linkTitle = "Windows 商店应用开发技能";
    string linkDescription = "介绍一下共享功能";    //This is an optional value.
    DataPackage data = args.Request.Data;
```

```
    data.Properties.Title = linkTitle;
    data.Properties.Description = linkDescription;
    data.SetData("http://schema.org/Person", customData);
}
```

如上面代码所示，笔者定义的数据格式是 http://schema.org/Person 提供的 Person 格式。另外注意代码中最后一行是调用 SetData 方法，需要设置数据格式的类型，以及自定义格式的数据。

运行程序，在 CustomDataSource 页面单击【共享】按钮后的界面如图 5-27 所示，显示出上面代码设置的提示信息，并列出了能够进行共享的目标程序。

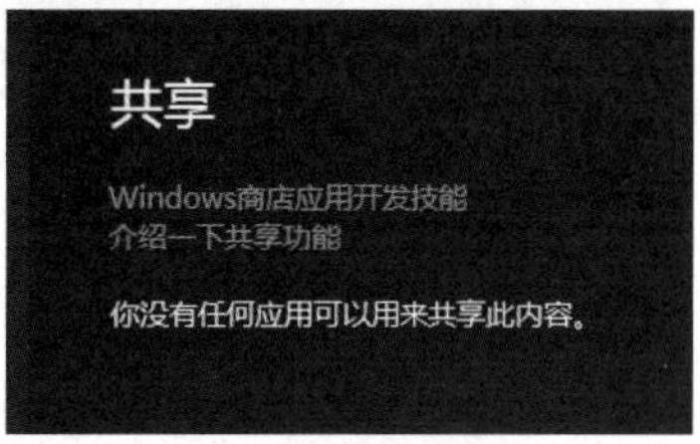

可以看出，显示的信息为现在还没有任何一个目标程序来共享自定义格式的数据。

下一节将介绍如何让目标程序接收这种自定义格式的数据。

图 5-27　在 CustomDataSource 页面单击了共享按钮后的界面

5.3.3　目标程序

如 4.3.1 节中的介绍，目标程序的作用是接收源程序需要分享的数据，并根据一定的业务逻辑对数据进行处理，比如邮件程序可以把这些数据当做邮件的内容进行发送，如果是社交类程序，则可以将数据分享到社交网络中，具体的处理方法是由目标程序决定的。

目标程序的实现要比源程序稍微复杂一点，首先需要更新应用程序的 manifest 文件，告诉 Windows 系统应用程序可以接收数据共享，以及可以接收的数据格式。然后还需要在代码中接收共享的数据，并作出相应的处理。

下面就通过示例程序 ShareTargetApp 来介绍目标程序的实现。在这个示例程序中，将完成对 5.3.2 节中源程序共享的数据格式的接收。具体步骤如下。

1 利用 VS2012 创建一个空白工程，并命名为 "ShareTargetApp"。

2 打开工程中的 Package.appxmanifest 文件，并选中声明选项，此时看到支持的声明是空白的。点击可用声明的下拉列表，并选中共享目标，然后单击添加，这样就在程序中添加了共享目标的声明，如图 5-28 所示。

共享目标添加之后，还需要在画面的右边添加支持的数据格式：Text、URI、Bitmap、HTML、StorageItems 和 http://schema.org/Person，完成后如图 5-29 所示。

另外，在数据格式下一项——支持的文件类型中，勾选上 "支持任何文件类型"。

图 5-28　为程序添加共享目标的声明

3 打开 App.xaml.cs 文件，并实现方法 OnShareTargetActivated。当目标程序被调用时，会首先调用这个方法。具体代码如下。

```
protected override void OnShareTargetActivated(ShareTargetActivatedEventArgs args)
{
    var rootFrame = new Frame();
    rootFrame.Navigate(typeof(MainPage), args.ShareOperation);
    Window.Current.Content = rootFrame;
```

```
Window.Current.Activate();
}
```

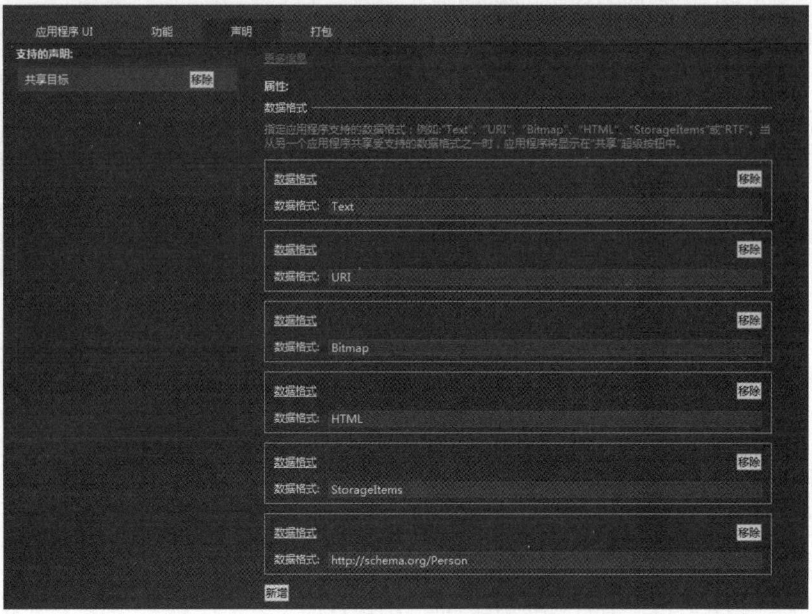

图 5-29　目标程序支持的数据格式

　　如上面代码所示，新创建了一个 Frame，并调用 Navigate 方法，导航到 MainPage 页面，同时将 args.ShareOption 参数传递到 MainPage 页面中。

　　4 打开 MainPage.xaml.cs 文件，用如下代码替换 OnNavigatedTo 函数。

```
protected override async void OnNavigatedTo(NavigationEventArgs e)
{
    share = e.Parameter as ShareOperation;
    //新建一个任务，来获取源程序传递过来的数据
    await Task.Factory.StartNew(async () =>
    {
        title = share.Data.Properties.Title;
        description = share.Data.Properties.Description;
        thumbImage = share.Data.Properties.Thumbnail;
        //如果共享的数据是带格式的文本
        if (share.Data.Contains(StandardDataFormats.Html))
        {
            formattedText = await share.Data.GetHtmlFormatAsync();
        }
        //如果共享的是一个 URI
        if (share.Data.Contains(StandardDataFormats.Uri))
        {
            uri = await share.Data.GetUriAsync();
        }
        //如果共享的是纯文本
        if (share.Data.Contains(StandardDataFormats.Text))
        {
            text = await share.Data.GetTextAsync();
```

```
    }
    //如果共享的是文件
    if (share.Data.Contains(StandardDataFormats.StorageItems))
    {
        storageItems = await share.Data.GetStorageItemsAsync();
    }
    //如果共享的是自定义数据
    if (share.Data.Contains(customDataFormat))
    {
        customData = await share.Data.GetTextAsync(customDataFormat);
    }
    //如果共享的是图片
    if (share.Data.Contains(StandardDataFormats.Bitmap))
    {
        bitmapImage = await share.Data.GetBitmapAsync();
    }
});
}
```

如上面代码所示，创建了一个新的任务，并使用了几个 if 语句来判断获取源程序共享的数据。

★ 提 示   上面代码中使用的 Task（任务）实际上是在另外一个线程（非 UI 线程）中处理相关操作，这样
　　　　做的目的是不阻塞主线程。

通过上面的代码就可以获取到数据了，下面将数据显示到 UI 界面中。

5 将数据显示到 UI 界面。将如下代码添加到步骤 4 最后一个 if 语句的后面。

```
//回到主线程中显示出共享的数据
await Dispatcher.RunAsync(CoreDispatcherPriority.Normal, async () =>
{
    TitleBox.Text = title;
    DescriptionBox.Text = description;
    if (text != null)
        UnformattedTextBox.Text = text;
    if (uri != null)
    {
        UriButton.Content = uri.ToString();
        UriButton.NavigateUri = uri;
    }
    if (formattedText != null)
        HTMLTextBox.NavigateToString(HtmlFormatHelper.GetStaticFragment(formattedText));
    if (bitmapImage != null)
    {
        IRandomAccessStreamWithContentType bitmapStream = await this.bitmapImage.OpenReadAsync();
        BitmapImage bi = new BitmapImage();
        bi.SetSource(bitmapStream);
        WholeImage.Source = bi;
        bitmapStream = await this.thumbImage.OpenReadAsync();
        bi = new BitmapImage();
        bi.SetSource(bitmapStream);
        ThumbImage.Source = bi;
    }
```

```
if (customData != null)
{
    StringBuilder receivedStrings = new StringBuilder();
    JsonObject customObject = JsonObject.Parse(customData);
    if (customObject.ContainsKey("type"))
    {
        if (customObject["type"].GetString() == "http://schema.org/Person")
        {
            receivedStrings.AppendLine("Type: " + customObject["type"].Stringify());
            JsonObject properties = customObject["properties"].GetObject();
            receivedStrings.AppendLine("Image: " + properties["image"].Stringify());
            receivedStrings.AppendLine("Name: " + properties["name"].Stringify());
            receivedStrings.AppendLine("Affiliation: " + properties["affiliation"].Stringify());
            receivedStrings.AppendLine("Birth Date: " + properties["birthDate"].Stringify());
            receivedStrings.AppendLine("Job Title: " + properties["jobTitle"].Stringify());
            receivedStrings.AppendLine("Nationality: " + properties["Nationality"].Stringify());
            receivedStrings.AppendLine("Gender: " + properties["gender"].Stringify());
        }
        CustomDataBox.Text = receivedStrings.ToString();
    }
}
});
```

如上面代码所示，由于数据是在非 UI 线程中获取到的，为了能够在非 UI 线程中将数据显示到 UI 界面，需要返回到 UI 线程中：使用了 Dispatcher.RunAsync 方法。接下来的代码就是将数据显示到 UI 组件中。注意看语句 if (customData != null)，这是在处理源程序共享的自定义数据格式。下面运行程序，看看结果。

首先运行 ShareTargetApp 程序，然后启动源程序 ShareSourceApp，并选择一种数据进行共享。图 5-30 是选择了自定义格式，并单击【共享】按钮后出现的画面。

如图 5-30 所示，在目标程序列表中，现在能看到我们实现的目标程序了：ShareTargetApp。选中这个目标程序之后，可以看到如图 5-31 所示画面。

图 5-30 自定义数据格式的共享   图 5-31 在目标程序中显示出了自定义格式的数据

可以看到，在目标程序中显示出了源程序中自定义格式的数据内容。

5.4　设置合约

将设置合约集成到程序中，可以方便用户进行操作。下面来看看如何在程序中使用设置合约。

5.4.1　设置合约简介

设置合约为用户对应用程序的设置提供了一个统一的接口。在设置程序中，用户可以对设备的常规选项进行设置，例如电源、用户和通知等。同时，还可以对当前的应用程序进行设置。从屏幕的右边缘向左滑动，在显示出的画面中单击【设置】按钮就可以打开设置面板。图 5-32 右侧是在 SkyDrive 中显示的设置面板。通过这个设置面板可以对 SkyDrive 进行相关设置。

图 5-32　SkyDrive 程序的设置面板

在图 5-32 中如果点击选项，在画面右边会弹出如图 5-33 所示画面。

图 5-33 中有一个向左的箭头按钮，单击这个按钮，可以返回上一级画面，也就是图 5-32 的设置画面。

5.4.2　设置合约的实现

要在程序中定义自己的设置画面其实并不困难，下面通过示例程序 SettingPane 介绍如何在程序中定义自己的设置画面。具体步骤如下。

图 5-33　SkyDrive 选项设置画面

1 创建工程。新建一个空白工程，并命名为"SettingPane"。

2 准备一个设置弹出画面。图 5-33 是当用户单击了设置面板中的选项时显示的画面。我们先来定义一个类似的画面。在工程中添加一个用户控件，并将其命名为"LoginPane"，如图 5-34 所示。

然后设计自定义控件的界面显示。由于代码过多，这里不具体给出，读者可打开示例工程 SettingPane 进行查看。设计后的界面效果如图 5-35 所示。

图 5-34　在程序中添加一个用户控件

图 5-35　弹出画面的界面设计

当这个弹出画面显示出来以后，单击左向箭头按钮时，需要把这个画面隐藏起来，并显示出设置面板。只需要实现箭头按钮的 Click 事件即可。

```
private void MySettingsBackClicked(object sender, RoutedEventArgs e)
{
    if (this.Parent.GetType() == typeof(Popup))
    {
        ((Popup)this.Parent).IsOpen = false;
    }
    SettingsPane.Show();
}
```

如上面代码，由于弹出画面是用 Popup 显示的，所以这里将弹出画面的父对象转换为了 Popup 对象，然后将其隐藏起来。接着调用了 SettingsPane.Show，以此将设置面板显示出来。

3 注册 CommandsRequested 事件。当显示设置面板时，系统会在当前程序中触发 Commands-Requested 事件，我们只需要注册监听这个事件。当事件发生时，就可以对设置面板中的命令进行定制。打开 MainPage.xaml.cs 文件，将如下代码添加到构造函数 MainPage 的最后。

```
// 注册 CommandsRequested 事件
SettingsPane.GetForCurrentView().CommandsRequested += BlankPage_CommandsRequested;
```

4 实现事件代理。将以下代码复制到 MainPage.xaml.cs 中。

```
void BlankPage_CommandsRequested(SettingsPane sender, SettingsPaneCommandsRequestedEventArgs args)
{
    // 新建一个命令
    SettingsCommand cmd = new SettingsCommand("login", "登录", (x) =>
    {
        // 新建一个 Popup，并将其宽度设置为 346，高度与屏幕一致
```

```
        _settingsPopup = new Popup();
        _settingsPopup.Width = 346;
        _settingsPopup.Height = Window.Current.Bounds.Height;
        _settingsPopup.IsLightDismissEnabled = true;
        // 新建一个页面,并设置该页面的相关属性(大小,位置)
        LoginPane mypane = new LoginPane();
        mypane.Height = Window.Current.Bounds.Height;
        mypane.Width = 346;
        _settingsPopup.Child = mypane;
        _settingsPopup.SetValue(Canvas.LeftProperty, Window.Current.Bounds.Width - 346);
        _settingsPopup.IsOpen = true;
    });
    args.Request.ApplicationCommands.Add(cmd);
    SettingsCommand cmd1 = new SettingsCommand("logout", "注销", (x) =>
    {
    });
    args.Request.ApplicationCommands.Add(cmd1);
}
```

如上面代码所示,新建了一个 SettingsCommand,并为其添加了两个命令:登录和注销。当点击登录按钮时,会新建一个 Popup,将一个 LoginPane 实例对象赋值给这个 Popup,并将 Popup 的 IsOpen 属性设置为 ture,这样就会将 LoginPane 画面显示出来了。而注销按钮为空。

5 显示出设置面板。为了演示方便,:笔者在 MainPage.xaml 中添加了一个按钮,这个按钮会调用如下代码,将设置面板显示出来。

```
SettingsPane.Show();
```

至此,代码编写完毕,我们来运行一下程序,看看效果。当点击画面中的显示设置面板时,效果如图 5-36 所示。从图中可以看到,设置面板中已经有了登录和注销两个按钮。

⭐**提示** 权限按钮是系统自动添加的。

图 5-36 自定义的设置面板

Windows 8 开发实战体验

当单击"登录"按钮时，会显示出登录画面，如图 5-37 所示。

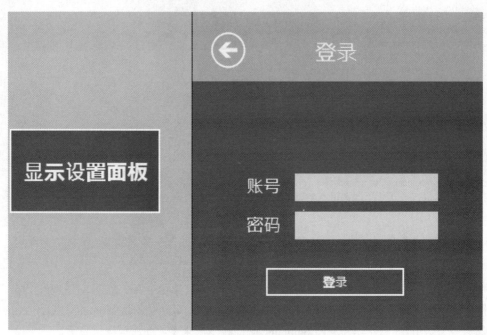

图 5-37　单击"登录"按钮时显示的登录画面

5.5　结束语

本章首先对 Windows 8 中 3 个重要的合约——搜索合约、共享合约和设置合约，进行了介绍，并分别给出了演示示例。合约是微软为 Windows 商店应用专门设计的，充分利用好这些合约，可以让程序更好，用户体验也能得到明显提升。

下一章将介绍 Windows 商店应用中文件和数据库的使用，在介绍文件读写时，也会对另外两个合约进行介绍：文件打开选取器合约和文件保存选取器合约。

第 6 章　文件和数据库

在程序中会经常使用文件和数据库。当 Windows 商店应用程序安装部署到设备中时，系统都会为每个程序分配 3 个不同的目录来存储数据，这 3 个目录分别是。

- Local：本地应用程序数据存储区中的根文件夹。用于将数据存储在本地。
- Roaming：漫游应用程序数据存储区中的根文件夹。该文件夹中的数据可以在不同设备间进行同步。
- Temporary：临时应用程序数据存储区中的根文件夹。该文件夹的数据随时都有可能被系统删除掉。

作为开发者并不需要关心这 3 个目录的存放位置，因为微软已经提供了相关的 API 进行访问，开发者只需要知道这些 API 即可。

本章将依次介绍工程中文件的访问、应用程序数据存储区中文件的访问、相关库（文档、音乐、视频和图片）中文件的访问、通过文件选取器进行文件的访问和程序中设置数据的访问。

另外，数据库在 Windows 商店应用开发中的使用也非常频繁，所以本章的最后会详细介绍如何在程序中使用 SQLite 数据库。

6.1　工程中文件的访问

有时候我们需要把程序的一些初始化数据和相关配置信息放到工程文件中，并在程序安装时随同程序一起部署到设备中。本节就来介绍如何读取工程文件中的数据。这里通过示例程序 AccessFileinProject 进行演示，具体步骤如下。

1 使用 VS2012 新建一个工程，命名为 "AccessFileinProject"。

2 在这个工程文件的 Assets 目录中添加一个 1.xml 文件。1.xml 文件中的代码如下。

```
<bookstore>
<book category="Windows 8">
  <title>Programming Windows, Sixth Edition</title>
  <author>Charles Petzold</author>
  <year>2013</year>
  <price>59.99</price>
</book>
<book category="iOS">
  <title>Programming iOS 6, 3rd Edition</title>
  <author>Matt Neuburg</author>
  <year>2013</year>
  <price>49.99</price>
</book>
</bookstore>
```

⭐ 提 示　需要把这个 1.xml 文件的"复制到输出目录"修改为
　　　　　"始终复制"，并将"生成操作"修改为"内容"，如
　　　　　图 6-1 所示。这样才能对该文件进行读取。

3 打开 MainPage.xaml.cs 文件，并实现一个函数
LoadBookXML。该函数的作用就是读取工程中的文件
内容代码如下。

图 6-1　对文件的属性进行修改

```csharp
public async void LoadBookXML()
{
    string BooksFile = @"Assets\1.xml";
    StorageFolder InstallationFolder = Windows.ApplicationModel.Package.Current.InstalledLocation;
    StorageFile file = await InstallationFolder.GetFileAsync(BooksFile);

    Stream books = await file.OpenStreamForReadAsync();

    XDocument xDOC = XDocument.Load(books);

    Debug.WriteLine(xDOC.ToString());
}
```

在上面的代码中，使用 Windows.ApplicationModel.Package.Current.InstalledLocation 获得程序的
安装路径。获得安装路径之后，就可以使用 StorageFile 方法对文件进行读取了。此外，利用读取
到的数据初始化一个 XDocument，然后将数据打印到控制台。

运行程序，并在工程中打印数据的地方设置好断点，可以在控制台将 1.xml 文件中的数据打印
出来，如图 6-2 所示。

⭐ 提 示　在工程中的文件只能读，不能写，如果向工程中的文件写数据，会得到如图 6-3 所示的异常错误
　　　　　提示。如果需要对工程中的文件进行写操作，有一个小技巧，就是先将工程中的文件复制到本地
　　　　　存储中，然后再对其进行读写。

图 6-2　在控制台窗口打印出文件的数据内容

图 6-3　对工程中的文件进行写操作会得到异常错误提示

⭐ 提 示　读取安装目录中的文件，还可以用下面的代码来获取 StorageFile。

```csharp
StorageFile file = await StorageFile.GetFileFromApplicationUriAsync(new Uri("ms-appx:///Assets/1.xml"));
```

这里是使用程序的 URI 来获取安装目录中的文件。其中 URI 里面开头的 ms-appx:直接定位到程序的安装目录。

6.2 应用程序数据存储区中文件的访问

本章开头提到,系统在安装程序的时候会为每个程序分配 3 个目录(local、roaming 和 temporary)来存储数据。如果程序被卸载了,这些文件目录也会被删除。本节就来学习如何对应用程序数据存储区中的文件进行存取。

这 3 个目录的访问方式有如下两种。

① 使用 ApplicationData 来获取程序数据文件目录,如下代码可以分别获得 3 个文件夹的路径:

```
StorageFolder localFolder = Windows.Storage.ApplicationData.Current.LocalFolder;

StorageFolder roamingFolder = Windows.Storage.ApplicationData.Current.RoamingFolder;

StorageFolder temporaryFolder = Windows.Storage.ApplicationData.Current.TemporaryFolder;
```

当获得了应用程序数据路径的 StorageFolder 之后,就可以通过 StorageFolder 来访问程序数据路径中的文件和文件夹。

② 使用程序的 URI 直接访问文件夹中的文件,代码如下(假设 3 个目录中分别有一个 1.xml 文件):

```
StorageFile file = await StorageFile.GetFileFromApplicationUriAsync("ms-appdata:///local/1.xml");

StorageFile file = await StorageFile.GetFileFromApplicationUriAsync("ms-appdata:/// roaming/1.xml");

StorageFile file = await StorageFile.GetFileFromApplicationUriAsync("ms-appdata:/// temporary/1.xml");
```

使用上述代码可以直接获取到目录中的文件。

可以看出,local、roaming 和 temporary 这 3 个目录的访问方法都是一样的。下面我们通过示例 AccessFileInAppData 来介绍如何在 local 文件夹中创建一个文件,并写入数据,然后将其写入的数据读出。具体步骤如下。

1 新建一个空白工程,命名为"AccessFileInAppData"。

2 打开工程的 MainPage.xaml.cs 文件,在其中实现以下方法。

```
public async void IsolatedStorage()
{
    string _Name = "MyFileName.txt";

    // 获取 Local 文件夹
    StorageFolder localFolder = Windows.Storage.ApplicationData.Current.LocalFolder;
    //StorageFolder roamingFolder = Windows.Storage.ApplicationData.Current.RoamingFolder;
    //StorageFolder temporaryFolder = Windows.Storage.ApplicationData.Current.TemporaryFolder;

    CreationCollisionOption _Option = Windows.Storage.CreationCollisionOption.ReplaceExisting;

    // 在 Local 文件夹中创建文件
```

```
StorageFile _File = await localFolder.CreateFileAsync(_Name, _Option);

// 向文件中写入内容
string _WriteThis = "这里是为了演示文件的访问";
await Windows.Storage.FileIO.WriteTextAsync(_File, _WriteThis);

// 获取文件
_File = await localFolder.GetFileAsync(_Name);

// 读取文件中的内容
string _ReadThis = await Windows.Storage.FileIO.ReadTextAsync(_File);
Debug.WriteLine(_ReadThis);

// 删除文件
await _File.DeleteAsync();
}
```

上面的代码实现了对 LocalFolder 文件夹中文件的创建、读写和删除操作。具体代码的功能见注释。

⭐ 提示　如果要访问 3 个不同的目录，只需要打开上面代码中获取 Local 文件夹相应的注释即可。

6.3　库文件的访问

在 Windows 8 系统中，可以在 Windows 商店应用程序内部访问系统的文档库、图片库、音乐库和视频库。这 4 个库的目录可以使用类 KnownFolders 的属性获取。

① KnownFolders.DocumentsLibrary（文档库文件夹）

② KnownFolders.PicturesLibrary（图片库文件夹）

③ KnownFolders.MusicLibrary（音乐库文件夹）

④ KnownFolders.VideosLibrary（视频库文件夹）

对于这些库中文件的访问，与之前介绍的工程中文件的访问和应用程序数据存储区中文件的访问相比，需要做一些额外的操作。

下面通过示例程序 AccessFileinLibrary 来演示如何访问库中的文件。具体步骤如下。

1 使用 VS2012 新建一个空白工程，并命名为 "AccessFileinLibrary"。

2 更新程序的 manifest 文件。打开工程中的 Package.appxmanifest 文件，选中功能选项，如图 6-4 所示。然后勾选需要使用的库。在这里，笔者勾选了文档库。

⭐ 提示　在图 6-4 中勾选上文档库后，功能选项标题上会出现一个红色底纹的乘号。之所以会出现这个乘号，是因为还需要声明文件关联类型。

3 声明文件关联类型。选中 manifaest 文件中的声明选项，如图 6-5 所示。在左边的 "可用声明" 列表中添加 "文件类型关联"，然后在右边的 "名称" 栏填写 "textfile"，"文件类型" 选为 ".txt"。

⭐ 提示　这里演示的是操作文档库中的文本文件，如果要操作更多的文件类型，需要增加相应文件类型。

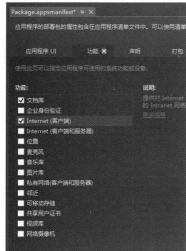  

图 6-4 在程序的 mainifest 文件中对库进行声明　　图 6-5 在程序的 manifest 文件中声明文件关联类型

现在完成了 manifest 文件的更新，下面就可以通过代码来访问文档库中的文件了。

4 访问文档库中的文件。打开工程中的 MainPage.xaml.cs 文件，并添加以下方法。

```
async void LocalFileWithoutPicker()
{
    string _Name = "HelloWorld.txt";

    // 获取文档库文件夹
    StorageFolder _Folder = KnownFolders.DocumentsLibrary;
    CreationCollisionOption _Option = Windows.Storage.CreationCollisionOption.ReplaceExisting;

    // 在文档库中创建文件
    StorageFile _File = await _Folder.CreateFileAsync(_Name, _Option);

    // 往文件中写数据
    string _WriteThis = "Hello world!";
    await Windows.Storage.FileIO.WriteTextAsync(_File, _WriteThis);

    // 获取文件
    try { _File = await _Folder.GetFileAsync(_Name); }
    catch (FileNotFoundException) { /* TODO */ }

    // 读取文件中的内容
    string _Content = await FileIO.ReadTextAsync(_File);
    Debug.WriteLine(_Content);

    // 删除文件
    await _File.DeleteAsync();
}
```

可以看到，上面代码对文件的访问方式与 6.1 节中介绍的十分相似。只不过在方法的开头是使用 KnownFolders.DocumentsLibrary 来获取文档库目录的。上面的代码实现了在文档库中创建一个文件，并写入数据，然后读取数据，最后将数据删除。

★提 示 上面的方法中，在获取文件的时候使用了一个 try catch 语句，这样做的好处是当文件不存在时可以捕获并处理系统抛出的异常，不至于使程序异常退出。

6.4 通过文件选取器访问文件

第 5 章曾介绍过应用程序中的 3 种合约（搜索合约、共享共享和设置合约）。本节我们来学习通过文件选取器合约来访问文件。

文件选取器合约有文件打开选取器合约和文件保存选取器合约两种。通过文件打开选取器合约可以同时获得一个或者多个文件。而通过文件保存选取器合约可以将文件保存到指定的目录中。开发者只需要先通过代码启动文件选取器合约，文件的选择和保存则交由用户操作，然后根据用户的选择，进一步对文件进行操作。通过本节可以学习到以下内容。

① 使用文件打开选取器同时获取一个或多个文件；
② 使用文件保存选取器将文件保存到用户指定的某个位置；
③ 使用文件夹选取器获取一个文件夹。

下面，我们先来利用文件打开选取器获取一个文件。

6.4.1 获取一个文件

通过文件打开选取器（FileFileOpenPicker），可以让用户在设备中选择一个文件。FileFileOpenPicker 有如下几个常用的属性。

● FileTypeFilter：指定在文件打开选取器中显示的文件类型。
● SuggestedStartLocation：指定文件打开选取器打开时默认显示的位置。
● ViewMode：指定文件打开选取器中文件显示的模式。有列表（List）和缩略图（Thumbnail）两种模式。

使用 FileFileOpenPicker 最简单的代码如下。

```
async public void PickSingleFileAsync()
{
    FileOpenPicker picker = new FileOpenPicker();
    picker.FileTypeFilter.Add(".png");
    StorageFile file = await picker.PickSingleFileAsync();
}
```

在上面的代码中，首先实例化了一个 FileOpenPicker 对象，并指定选取器中显示的文件类型，然后调用 PickSingleFileAsync 方法，就可以显示出文件打开选取器画面。上面方法的执行结果如图 6-6 所示。

当用户选定一个文件之后，单击图 6-6 中的【打开】按钮，文件打开选取器就会返回一个 StorageFile 类型的实例对象，通过该实例对象可以对选定文件进行操作。

★提 示 上面代码中必须至少指定一个文件类型（FileTypeFilter），否则在调用文件打开选取器时会抛出异常。

图 6-6　通过文件打开选取器选择指定类型的文件

FileOpenPicker 还可以指定打开默认路径，可以指定以下路径中的任意一个。

```
public enum PickerLocationId
{
    //      文档库。
    DocumentsLibrary = 0,
    //      计算机文件夹。
    ComputerFolder = 1,
    //      Windows 桌面。
    Desktop = 2,
    //      "下载" 文件夹。
    Downloads = 3,
    //      家庭组。
    HomeGroup = 4,
    //      音乐库。
    MusicLibrary = 5,
    //      图片库。
    PicturesLibrary = 6,
    //      视频库。
    VideosLibrary = 7,
}
```

此外，还可以将文件打开选取器的显示方式设置为缩略图显示。以下代码指定了显示更多的文件类型、默认打开的图片库以及以缩略图的模式显示。

```
async public void PickSingleFileDefaultPathAsync()
{
    FileOpenPicker picker = new FileOpenPicker();
    picker.FileTypeFilter.Add(".png");
    picker.FileTypeFilter.Add(".jpg");
    picker.FileTypeFilter.Add(".gif");
    picker.FileTypeFilter.Add(".bmp");
    picker.SuggestedStartLocation = PickerLocationId.PicturesLibrary;
```

```
    picker.ViewMode = PickerViewMode.Thumbnail;
    StorageFile file = await picker.PickSingleFileAsync();
}
```

上面代码运行效果如图 6-7 所示。

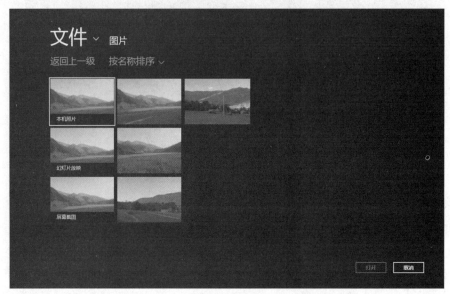

图 6-7　指定文件打开选取器的默认路径及以缩略图方式显示

6.4.2　获取多个文件

通过文件打开选取器（FileOpenPicker）不仅可以获得一个文件，还可以同时获得多个文件。只不过不再调用 FileOpenPicker 的 PickSingleFileAsync，而是调用 PickMultipleFilesAsync 方法。该方法返回的结果类型为 IReadOnlyList<StorageFile>。只需要对这个列表进行枚举就可以获得所有选中的文件。

具体的代码如下。

```
async public void PickMultipleFilesAsync()
{
    FileOpenPicker picker = new FileOpenPicker();
    picker.FileTypeFilter.Add(".png");
    picker.FileTypeFilter.Add("jpg");
    picker.FileTypeFilter.Add(".gif");
    picker.FileTypeFilter.Add(".bmp");
    picker.SuggestedStartLocation = PickerLocationId.PicturesLibrary;
    picker.ViewMode = PickerViewMode.Thumbnail;
    IReadOnlyList<StorageFile> files = await picker.PickMultipleFilesAsync();
}
```

上面的代码除了最后一行与 6.3.1 节中的不同外，其他的都相同。运行效果如图 6-8 所示。

从图 6-8 可以看出，当选中某个图片时，在界面的下边会列出选中的图片。另外，有一个很方便的功能就是用户不仅可以在一个文件夹中选择，还可以在不同的文件夹中进行选择。选中之后，只需要单击【打开】按钮，就可以完成文件选取操作。

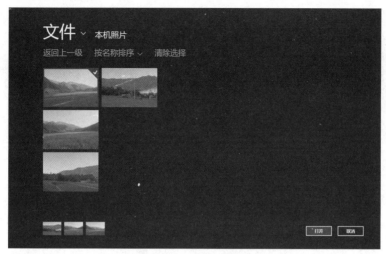

图 6-8　多个文件的选择效果图

6.4.3　文件保存

有时候我们希望将数据保存到用户的设备中（不同于将数据保存到程序的数据存储区），当程序被卸载的时候，这些保存到用户设备中的数据并不会被删除，也就是说希望数据永久地保存到用户设备中。此时可以使用文件保存选取器（FileSavePicker）来完成目的。

FileSavePicker 同样有以下几个常用的属性。

- SuggestedStartLocation：指定文件保存的默认路径。
- FileTypeChoices：指定保存文件时用户可以选择的文件类型。
- SuggestedFileName：指定文件的默认名称。

FileSavePicker 的使用，代码如下。

```
async public void FileSaveFromPicker()
{
    FileSavePicker saver = new FileSavePicker();
    saver.SuggestedStartLocation = PickerLocationId.Desktop;
    saver.FileTypeChoices.Add("文本文件", new List<string>() { ".txt" });
    saver.FileTypeChoices.Add("微软 Excel", new List<string>() { ".xls" });
    saver.FileTypeChoices.Add("图片", new List<string>() { ".png", ".jpg", ".bmp" });
    saver.SuggestedFileName = "测试文件";
    StorageFile file = await saver.PickSaveFileAsync();

    if (file != null)
    {
        CachedFileManager.DeferUpdates(file);
        await FileIO.WriteTextAsync(file, "测试数据");
        FileUpdateStatus status = await CachedFileManager.CompleteUpdatesAsync(file);
    }
}
```

在上面的代码中，首先创建了一个 FileSavePicker，然后将文件保存的默认位置设置为桌面（Desktop），并且还指定了用户可以选择的文件类型和默认文件名。通过 PickSaveFileAsync 方法可以打开文件保存选取器界面，具体效果如图 6-9 所示。

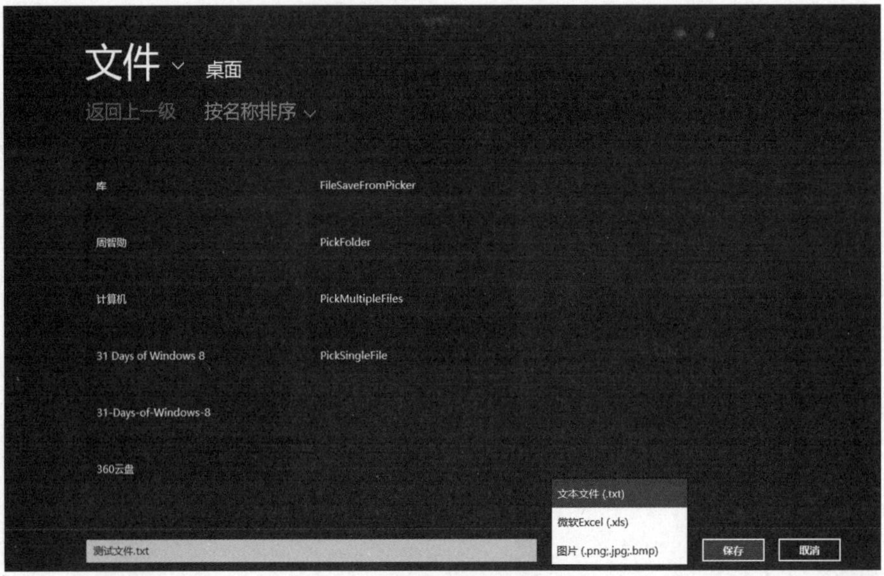

图 6-9　文件保存选取器显示界面

可以看到，默认存储路径为桌面，左下方是默认文件名，用户可以在这里指定自己的文件名，在右边可以选择期望的文件类型。完成相关操作之后，单击"保存"按钮就可以将数据写入指定的目录文件中。

★提示　上面的代码中有这样一行代码：CachedFileManager.DeferUpdates(file);，其作用是保护文件不被别的程序操作，直到我们的操作完成（调用 await CachedFileManager.CompleteUpdatesAsync (file);）。

如果指定路径中有文件与文件保存选取器中指定的文件名相同，那么会提示如图 6-10 所示界面。

选择"是"，将替换已有文件；选择"否"，则返回文件保存选取器界面。

图 6-10　提示文件名相同，是否替换现有文件

6.4.4　选择文件夹

我们不仅可以从用户设备上选择一个或多个文件，还可以从用户设备上选择文件夹。通过选择文件夹，可以将这个文件夹存储起来，当做默认的路径。

文件夹的选择代码如下。

```
async public void PickFolder()
{
    FolderPicker picker = new FolderPicker();
```

```
    picker.FileTypeFilter.Add(".xls");
    StorageFolder folder = await picker.PickSingleFolderAsync();
    if (folder != null)
    {
        StorageApplicationPermissions.FutureAccessList.AddOrReplace("DefaultFolder", folder);
    }
}
```

从上面的代码可以看出，FolderPicker 的使用与 FileFileOpenPicker 和 FileSavePicker 的使用十分相似。当选择了一个文件夹后，可以将这个文件夹（StorageFolder）保存到 StorageApplication-Permissions.FutureAccessList 中。存储到 FutureAccessList 中的文件或者文件夹，在稍后可以继续进行访问，而不用再使用文件选取器进行选择确认。通过下面的代码就可以获得保存进去的文件或文件夹（Token 为上面代码保存的"DefaultFolder"）。

```
var folder = await StorageApplicationPermissions.FutureAccessList.GetFolderAsync(Token);
```

6.5 程序中设置数据的访问

在 Windows 商店应用开发中，微软为开发者提供了一个 ApplicationDataContainer 类用来对应用程序的首选项（设置）进行访问。通过 ApplicationDataContainer 类，可以操作本地设置或漫游设置。

★ 提 示   一般这些保存的设置信息都比较小，比如用户登录的信息（用户名、密码）、用户等级信息等。另外，上面提到的漫游设置是先保存到本地，然后具体什么时候同步到服务器则由操作系统决定——通过漫游设置可以将程序的设置信息在不同的设备之间进行共享。

通过下面的方法可以获得本地设置和漫游设置的 ApplicationDataContainer 实例。

```
// 获取设置实例
ApplicationDataContainer settingsLocal = ApplicationData.Current.LocalSettings;
ApplicationDataContainer settingsRoaming = ApplicationData.Current.RoamingSettings;
```

获得设置的实例对象之后，就可以通过实例进行设置数据的保存和读取了。保存数据到设置中的代码如下。

```
// 将数据保存到本地设置中
settingsLocal.Values["user"] = "BeyondVincent";
settingsLocal.Values["password"] = "111111";
// 将数据保存到漫游设置中
settingsRoaming.Values["user"] = "BeyondVincent";
settingsRoaming.Values["password"] = "111111";
```

从上面的代码可以看出，设置数据的存储与键值存储是一样的。读取的时候，根据指定的键就可以读取到相应的值。读取设置数据代码如下。

```
// 读取本地设置中的数据
string user = (string)settingsLocal.Values["user"];
```

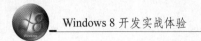

```
string password = (string)settingsRoaming.Values["password"];
// 读取漫游设置中的数据
user = (string)settingsRoaming.Values["user"];
password = (string)settingsRoaming.Values["password"];
```

下面的代码是将设置中的数据删除掉。

```
// 删除本地数据中的数据
settingsLocal.Values.Remove("user");
settingsLocal.Values.Remove("password");
// 删除漫游数据中的数据
settingsRoaming.Values.Remove("user");
settingsRoaming.Values.Remove("password");
```

可以看到，删除数据的代码也非常简单。

另外，如果想对设置数据进行分类，只需要创建相应的分组即可。在本地设置中创建一个 user 分组，并在这个 user 分组中保存添加用户名和密码，代码如下。

```
// 在本地设置中创建分类
settingsLocal.CreateContainer("user", ApplicationDataCreateDisposition.Always);
settingsLocal.Containers["user"].Values["user"] = "BeyondVincent";
settingsLocal.Containers["user"].Values["password"] = "111111";
```

★ 提 示　本地设置和漫游设置都支持数据分类。

6.6　SQLite 数据库的使用

在 Windows 应用程序开发中，微软并没有为开发者提供现成的数据库。不过微软建议使用 SQLite。

SQLite 是一个轻量级关系型数据库管理系统。目前，SQLite 数据库是世界范围内部署使用范围最广的一个数据库。SQLite 支持原子性（Atomicity）、一致性（Consistency）、隔离性（Isolation）、持久性（Durability），即 ACID。它的设计目标主要针对嵌入式设备，占用资源非常低，执行的效率高。SQLite 的所有数据都存储在一个文件中，该文件可以跨平台使用。关于 SQLite 的更多资料，可以查看官方网站：http://www.sqlite.org/。

本节将介绍 SQLite 在 Windows 商店应用开发中的使用。

6.6.1　安装 SQLite 数据库

下面是安装 SQLite 数据库的具体步骤。

1 打开 Visual Studio Express 2012 for Windows 8，选择菜单中的工具→扩展和更新（U），如图 6-11 所示。

2 搜索 SQLite。在弹出的画面中，左边选择联机，并在搜索框中输入关键字"sqlite"，VS 就会自动搜索 sqlite，如图 6-12 所示。其中，第一个"SQLite for Windows Runtime"就是我们要安装的。

图 6-11 打开 VS 中的扩展和更新

图 6-12 在扩展和更新中安装 SQLite for Windows Runtime

3 下载 SQLite。在图 6-12 中单击"下载"按钮，开始下载 SQLite，如图 6-13 所示。

4 安装 SQLite。当 SQLite for Windows Runtime 下载完毕之后，会弹出如图 6-14 所示对话框，单击"安装"按钮即可。

图 6-13 下载 SQLite for Windows Runtime

图 6-14 安装 SQLite for Windows Runtime 对话框

5 重启 Visual Studio Express 2012 for Windows 8。SQLite for Windows Runtime 安装完成之后，会提示需要重新启动 VS2012，单击"重新启动"即可。

6.6.2 在工程中使用 SQLite 数据库

在上一小节介绍了 SQLite 的安装。本小节来介绍如何在工程中使用 SQLite 数据库。具体步骤如下：

1 准备工作。新建工程，并添加引用。首先，通过 VS2012 创建一个名为"SQLiteUsage"的空白工程。虽然已经安装了 SQLite 数据库，但此时还不能直接在 SQLiteUsage 工程中使用数据库。需要将 Microsoft Visual C++ Runtime Package 和 SQLite for Windows Runtime 两个引用添加到工程中。

在工程解决方案中右键单击"引用"按钮，并选择"添加引用"，如图 6-15 所示。

单击添加引用后，弹出的引用管理器对话框中，左边选中 Windows 目录下的扩展，并将 Microsoft Visual C++ Runtime Package 和 SQLite for Windows Runtime 勾选上，如图 6-16 所示。

图6-15 准备添加引用到工程中

图6-16 选中要添加的引用

选中两个引用之后，单击【确定】按钮。此时，可以看到两个引用已经添加到工程中了，如图6-17 所示。

可以看到，刚刚添加的两个引用带有黄色的三角符号。如果此时编译程序，会遇到如图 6-18 所示的 2 个错误和 2 个警告提示。

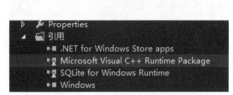

图6-17 引用已添加到工程中

图6-18 添加的 2 个引用引起的错误和警告

从错误提示可以看出，项目的处理器架构配置不支持"Any CPU"，并建议将处理器架构修改为：x86、x64 或 ARM。

在 SQLiteUsage 解决方案名称上右键单击，选择"属性"会弹出解决方案的属性页面，如图6-19 所示。

图6-19 解决方案"SQLiteUsage"属性页

在图 6-19 中，选中配置属性中的配置选项，并在右边"平台"列中选中"x86"，然后单击【确定】按钮。

⭐提示 如果计划将使用 SQLite 的项目发布到某个平台（x86、x64 和 ARM）上，那么需要创建并提交 3
个不同的程序包。

2 获取 sqlite-net。选择 VS 中的工具→库程序包
管理器→管理解决方案的 NuGet 程序包，如图 6-20
所示。

选择管理解决方案的 NuGet 程序包之后，会弹出
一个对话框。在该对话框中，左边选中联机，并在搜索
框中输入关键字"sqlite-net"，就会搜索到 sqlite-net，
如图 6-21 所示。单击【安装】按钮，在弹出的选择框
中，选【确定】即可。

图 6-20　准备获取 sqlite-net

图 6-21　安装 sqlite-net

sqlite-net 安装之后，会在解决方案中添加以下两个文件。

- SQLite.cs：访问 SQLite 的 APIs。
- SQLiteAsync.cs：封装了异步访问 SQLite 的 APIs。

完成上面的步骤之后，就可以在程序中真正使用 SQLite 了。关于 SQLite 的文档说明，可以参
考官方网站：http://www.sqlite.org/docs.html。

3 创建数据库连接。数据库的连接可以使用 SQLiteConnection（或异步版本：SQLiteAsync-
Connection）。这里演示的代码使用的是异步版本。具体代码如下。

```
SQLiteAsyncConnection db;
var path = Windows.Storage.ApplicationData.Current.LocalFolder.Path + @"\beyondvincent.db";
db = new SQLiteAsyncConnection(path);
```

上面代码中，首先声明了一个 SQLiteAsyncConnection 对象，然后构造了一个数据库文件
（beyondvincent.db）的路径。接着，用异步的方法建立了一个数据库连接。

⭐提示 如果数据库不存在，会创建一个新的数据库并建立连接，否则直接建立连接。

4 新建表。数据库连接好之后就可以访问数据库了。首先创建一个表。表的创建可以使用下
面两个方法中的任意一个。

- CreateTableAsync：异步一次创建一张表。
- CreateTablesAsync：异步一次创建多张表。

在创建表的时候，需要将表的结构类型当做参数传递到上面的方法中。下面来定义表 User 的结构，代码如下。

```
[Table("Users")]
public class User
{
    [SQLite.PrimaryKey, SQLite.AutoIncrement]
    public int Id { get; set; }
    public string Name { get; set; }
    public int Age { get; set; }
}
```

上面代码中定义了 3 个属性：Id、Name 和 Age，其中将 Id 设置为主键，并且自动增长。

然后调用方法 CreateTableAsync，并将 User 当做参数传递过去，就可以新建一张表了，代码如下。

```
await db.CreateTableAsync<User>();
```

5 插入数据。向数据库表中插入数据，有以下两个方法可以使用。

- InsertAsync：一次插入一条数据。
- InsertAllAsync：一次插入多条数据。

以下代码是一次插入一条数据。

```
var tom = new User
{
    Name = "破船",
    Age = 30
};

await db.InsertAsync(tom);
```

上面代码中，首先新建一个 User 对象，并对其初始化，然后使用 InsertAsync 方法就可以将这条数据插入数据库中。下面来看看一次插入多条数据，代码如下。

```
var isUser = new List<User>()
{
    new User
    {
        Name = "小王",
        Age = 18
    },
    new User
    {
        Name = "小张",
        Age = 29
    },
    new User
    {
```

```
            Name = "小李",
            Age = 30
        },
};

await db.InsertAllAsync(isUser);
```

如上面代码所示，首先新建了一个 List，并初始化了 3 条数据，然后利用 InsertAllAsync 将这个 List 中的数据插入到数据库中。

6 查询数据。现在数据库中有一个表 User，表中有多条数据。下面将这个表中的全部数据查询出来，并打印到控制台窗口，代码如下。

```
//var users = await db.QueryAsync<User>("SELECT * FROM Users");

var count = users.Any() ? users.Count : 0;

if (count > 0)
{
    foreach (User user in users)
    {
        Debug.WriteLine("id:" + user.Id +   "name:" + user.Name + "age:" + user.Age );
    }
}
```

如上面代码所示，首先使用 QueryAsync 方法，并指定表，然后将查询语句当做参数传递进去，这样就可以查询到对应表的数据了。

如果要执行条件查询也可以做到。如下代码是查询表 User 中 Name 为"破船"的数据记录：

```
var users = await db.QueryAsync<User>("SELECT * FROM Users WHERE Name == ?", new object[] { "破船" });
```

★ **提 示**　查询语句中使用到的参数需要用 "？"号来代替，并将这个 "？"号代表的参数放到一个 object 数组中，然后把这个 object 当做 QueryAsync 的第二个参数传递过去。

7 更新数据。数据库表中的数据更新可以使用 UpdateAsync 方法。该方法接收一个参数，这个参数包含需要更新的属性。如下代码是将查询出来的第一条记录的 Age 属性更新为 100。

```
var someUsers = await db.QueryAsync<User>("SELECT * FROM Users WHERE Name == ?", new object[] { "破船" });
var firstUser = someUsers.First();
firstUser.Age = 100;
await db.UpdateAsync(firstUser);
```

8 删除数据。数据的删除与查询和更新一样简单。只需要使用 DeleteAsync 方法即可。以下代码是将查询出来的第一条记录删除掉。

```
var someUsers = await db.QueryAsync<User>("SELECT * FROM Users WHERE Name == ?", new object[] { "破船" });
var firstUser = someUsers.First();
await db.DeleteAsync(firstUser);
```

★ 提 示　上面的更新和删除代码并没有检测 someUsers 是否为 nill，在实际的工程中，需要像查询数据一样
进行检测判断。

❾ 删除表。删除表的操作比较简单，只需要调用 DropTableAsync 方法即可，代码如下：

await db.DropTableAsync<User>();

上面对数据库中表的增删改查，都非常方便，读者可以参考本书提供的示例 SQLiteUsage 进行
学习。如果在开发中需要存储关系型数据，建议采用 SQLite 数据库。

6.7　结束语

本章首先介绍了如何访问工程中文件、应用程序数据存储区中文件和库文件，以及如何利用文
件选取器来进行文件的操作，另外还介绍了程序中设置数据的访问。最后，重点介绍了如何将 SQLite
数据库集成到 Windows 商店应用程序中。

下一章，将介绍 Windows 商店应用程序中网络通信的相关知识。

第 7 章 网 络 通 信

现在移动互联网的发展速度越来越快，人们对网络的依赖也越来越大。基本上每个程序都需要与网络进行交互。通过网络，不仅可以给用户带来丰富的数据信息，还能加强用户对程序的体验。本章就来介绍在 Windows 商店应用中网络的基本使用方法。

7.1 网络状态检测

在 Windows 商店应用程序开发中进行网络交互时，对网络连接的信息判断以及状态的监听非常重要，例如，当网络不可用时，给用户一个友好的提示。

本节就来介绍如何在程序中获取网络连接状态的信息，以及如何监听网络状态的变化。

7.1.1 获取网络连接信息

网络连接状态的信息可以用 NetworkInformation 类提供的方法进行判断。该类中的方法都是 static 的，可以直接访问。调用 GetInternetConnectionProfile 方法可以获得网络连接的配置信息（ConnectionProfile）。ConnectionProfile 类中的 GetNetworkConnectivityLevel 方法能够返回当前系统网络连接的级别（NetworkConnectivityLevel）。NetworkConnectivityLevel 的级别分为以下几种。

```
    //      无连接。
    None = 0,
    //      仅本地网络访问。
    LocalAccess = 1,
    //      受限的 internet 访问。
    ConstrainedInternetAccess = 2,
    //      本地和 internet 访问。
    InternetAccess = 3,
}
```

只要获得的级别为 InternetAccess，就说明当前网络是可以访问的。下面的方法是判断当前系统中的网络是否连接到了互联网：

```
private bool IsConnectedToInternet()
{
    bool connected = false;

    ConnectionProfile cp = NetworkInformation.GetInternetConnectionProfile();

    if (cp != null)
    {
        NetworkConnectivityLevel cl = cp.GetNetworkConnectivityLevel();
```

```
        connected = cl == NetworkConnectivityLevel.InternetAccess;
    }

    return connected;
}
```

如上面代码所示，如果连接到互联网则返回 true，否则返回 false。

7.1.2　监听网络状态

我们可以监听网络状态的变化，当网络状态发生改变时，可以通知用户或者切换网络访问接口等。网络状态的监听只需要注册 NetworkStatusChanged 事件即可。每次网络状态发生变化，都会触发 NetworkStatusChanged 事件。

如下代码是网络状态的监听和事件处理。

```
public MainPage()
{
    this.InitializeComponent();
    NetworkInformation.NetworkStatusChanged += (object sener) =>
    {
        showStatus();
    };
}
```

上面的代码在 MainPage 方法中注册了 NetworkStatusChanged 事件，并利用 Lambda 表达式调用 showStatus 方法。

★ 提示　Lambda 表达式是一个可用于创建委托或表达式树类型的匿名函数。更多关于 Lambda 表达式的介绍可以参考微软官方网站：

http://msdn.microsoft.com/zh-cn/library/vstudio/bb397687.aspx

下面是 showStatus 方法的具体实现：如果可以访问网络则在一个文本框中写上"网络可用"，否则是"网络不可用"。

```
async void showStatus()
{
    await this.Dispatcher.RunAsync(CoreDispatcherPriority.Normal, () =>
    {
        if (!IsConnectedToInternet())
        {
            // 网络不可以访问
            textblockstate.Text = "网络不可用";
        }
        else
        {
            // 网络可以访问
            textblockstate.Text = "网络可用";
        }
    });
}
```

★ 提示 showStatus 方法中利用 6.1.1 节中的 IsConnectedToInternet 方法来判断网络的可用性。此外，要测试网络的变化，可以将 WiFi 或者设备连接的网络关闭，然后再打开。

7.2 获取设备的 IP 地址

有时候我们需要获取本机设备的 IP 地址以及 IP 类型，微软同样为我们提供了相关的 API 来访问。设备的 IP 信息是存储在 HostName 中的，只需要调用 NetworkInformation 的 GetHostNames 方法，就可以获取与设备相关的 IP 信息。代码如下。

```
private void GetIPAddress()
{
    foreach (HostName hostName in NetworkInformation.GetHostNames())
    {
        if (hostName.IPInformation != null)
        {
            Debug.WriteLine("IPType:");
            if (hostName.Type == HostNameType.Ipv4)
            {
                Debug.WriteLine("Ipv4");
            }
            else if (hostName.Type == HostNameType.Ipv6)
            {
                Debug.WriteLine("Ipv6");
            }
            else if (hostName.Type == HostNameType.Bluetooth)
            {
                Debug.WriteLine("Bluetooth");
            }
            else if (hostName.Type == HostNameType.DomainName)
            {
                Debug.WriteLine("DomainName");
            }
            Debug.WriteLine(hostName.CanonicalName);
        }
    }
}
```

在上面的代码中通过遍历 HostName 列表，并利用 if 语句来判断 IP 的类型，最后将 IP 地址打印到控制台。上面代码在笔者本机设备上输出的信息如图 7-1 所示。

可以看出，本机目前有两个 IP 地址：169.254.80.80 和 192.168.1.100，类型都是 Ipv4。打开网络属性，查看结果如图 7-2 所示，本机中有两个网络连接信息。

从图 7-2 可以看出，上面代码输出的结果是正确的。

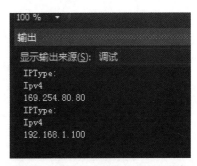

图 7-1 在控制台中输出的 IP 地址信息

图 7-2　网络属性中的网络连接详细信息

7.3　HttpClient

在 Windows 商店应用程序中，HTTP 请求的发送与响应是通过 HttpClient 实现的。HttpClient 在 System.Net.Http 名称空间里面，它可以用来发送 GET、PUT、POST 和 DELETE 请求到网络服务中。在 HTTP 的请求中一般都会涉及 HttpResponseMessage 和 HttpContent，前者代表收到的 HTTP 响应消息，后者则代表 HTTP 响应消息的内容。

本节介绍的内容包括利用 HttpClient 进行 GET 和 POST 请求，以及如何从服务器上下载一个图片，并将图片显示到界面中和保存至文件。

为了方便测试，笔者还准备了一个简单的 HTTP 服务。下面就开始吧。

7.3.1　服务器程序

首先我们来看看如何实现一个简单的服务。具体步骤如下。

1 新建一个空的 Web 应用程序。打开 Visual Studio Ultimate 2012，选择文件→新建→项目，会弹出如图 7-3 所示新建项目对话框。

图 7-3　新建一个 Web 程序

在图 7-3 中，左边选中 Visual C#里面的"Web"选项，右边选中"ASP.NET 空 Web 应用程序"，然后输入项目名称为"HttpServer"，单击【确定】按钮就创建好了一个空的 Web 应用程序，如图 7-4 所示。

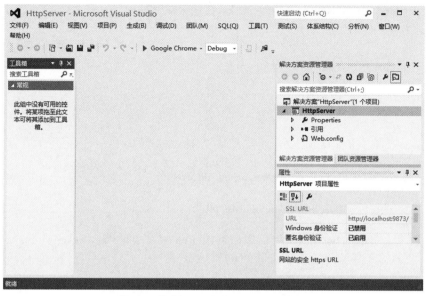

图 7-4　创建好了一个空的 Web 应用程序

从图中可以看出，空的 Web 应用程序只有一个配置文件。下面添加两个文件进去。

2 添加 Web 窗体。为了响应客户端的 HTTP 请求，在空的 Web 应用程序中添加两个 Web 窗体。右键单击项目名称 HttpServer→添加→新建项，会弹出如图 7-5 所示添加新项画面。

图 7-5　添加 Web 窗体

在图 7-5 中左边选中 Web，右边选中 Web 窗体，名称为"GetUserInfoHandle.aspx"。单击【添加】按钮就创建好了一个 Web 窗体。接着用同样的操作，创建另外一个 Web 窗体"PostDataHandle.aspx"。

现在 VS2012 的解决方案中应该如图 7-6 所示。

3 响应客户端请求。打开 GetUserInfoHandle.aspx 和 PostDataHandle.aspx 文件，除了文件中的第一行代码外，全部删除。然后打开 GetUserInfoHandle.aspx.cs 文件，在该文件中实现 Page_Load 方法，代码如下。

图 7-6　在工程中添加了两个 Web 窗体

```csharp
protected void Page_Load(object sender, EventArgs e)
{
    System.Threading.Thread.Sleep(5000);
    try
    {
        if (Request.QueryString.Count > 0)
        {
            foreach (String key in Request.QueryString.AllKeys)
            {
                if (Request.QueryString[key].Equals("001"))
                {
                    Response.Write("破船的基本信息如下:\n 博客：http://beyondvincent.com\n 新浪微博：www.weibo.com/beyondvincent");
                }
            }
        }
    }
    catch (Exception ex)
    {
        Response.StatusCode = 500;
        Response.Write(ex.ToString());
    }
}
```

上面的代码只是为了演示使用，仅简单地给客户端回应了一个字符串信息。

接着在 PostDataHandle.aspx.cs 文件中同样实现 Page_Load 方法，代码如下。

```csharp
protected void Page_Load(object sender, EventArgs e)
{
    System.Threading.Thread.Sleep(5000);
    try
    {
        // Write back the request body
        Response.Write("你 post 的内容是:");

        using (System.IO.StreamReader reader = new System.IO.StreamReader(Request.InputStream))
        {
            string body = reader.ReadToEnd();
            Response.Write(body);
        }
    }
    catch (Exception ex)
    {
        Response.StatusCode = 500;
```

```
        Response.Write(ex.ToString());
    }
}
```

上面代码只是简单地将客户端 Post 的数据返回给客户端。

★ 提 示　在上面的方法中，为了让客户端有机会取消请求，笔者让线程休眠 5 秒钟。这样就完成了服务器的简单实现。只需要调试这个服务器程序，就能够获得一个访问服务器的地址，笔者在本机上获得的地址为：http://localhost:3992/，客户端只需要根据这个地址就能访问到服务器了。

下面开始学习如何利用 HttpClient 进行 HTTP 请求。

7.3.2　客户端程序准备

首先，利用 VS2012 新建一个工程，并命名为"HttpClientExample"。该工程将用来实现 Get 和 Post 请求，以及图片文件的下载。然后打开工程中的 MainPage.xaml 文件，在界面中添加一些 UI 组件。图 7-7 是笔者设计好的一个界面。

详细的 xaml 代码可以参考本书附带的示例程序 HttpClientExample。

图 7-7　HTTP 客户端程序界面设计

7.3.3　Get 请求

实际上利用 HttpClient 进行 Get 请求非常简单，只需要创建并初始化一个 HttpClient 实例，然后调用 GetAsync 即可。请求响应的内容可以通过 HttpResponseMessage 获得。具体步骤如下。

1 在 HttpClientExample 工程中，将界面中显示 GetText 按钮的 Click 事件连接到 getText 方法上。

2 打开 MainPage.xaml.cs 文件，实现 getText 方法。代码如下。

```
HttpClient httpClient;
async private void getText(object sender, RoutedEventArgs e)
{
    BTgetText.IsEnabled = false;
    BTcancleGet.IsEnabled = true;
```

```
    resultBox.Text = "请求中";
    ring.IsActive = true;
    try
    {
        httpClient = new HttpClient();
        string resourceAddress = getUrl.Text;
        HttpResponseMessage response = await httpClient.GetAsync(resourceAddress);
        resultBox.Text = await response.Content.ReadAsStringAsync();
    }
    catch (HttpRequestException)
    {
        resultBox.Text = "http 请求异常";
    }
    catch (TaskCanceledException)
    {
        resultBox.Text = "请求被取消";
    }
    finally
    {
    }
    BTgetText.IsEnabled = true;
    BTcancleGet.IsEnabled = false;
    ring.IsActive = false;
}
```

上面代码中最关键的是 try 语句块。首先创建了一个 HttpClient 实例，并赋予一个 URL，然后调用 GetAsync 方法，最后利用如下代码将得到的响应内容显示到界面中。

```
    resultBox.Text = await response.Content.ReadAsStringAsync();
```

界面运行效果如图 7-8 所示。

图 7-8　Get 请求返回的结果

★ 提　示　在 Get 请求过程中，可以调用 HttpClient 的 CancelPendingRequests 方法来取消请求。CancelPending-
　　　　　Requests 可以取消所有的 HttpClient 请求。

7.3.4　Post 请求

下面我们来看看 Post 请求的实现。具体步骤如下。

1 将 MainPage.xaml 中 PostText 按钮的 Click 事件连接到 postText 方法上。

2 打开 MainPage.xaml.cs 文件实现 postText 方法。代码如下。

```
async private void postText(object sender, RoutedEventArgs e)
{
    BTpostText.IsEnabled = false;
    BTcanclePost.IsEnabled = true;
    resultBox.Text = "请求中";
    ring.IsActive = true;
    try
    {
        httpClient = new HttpClient();
        httpClient.BaseAddress = new Uri(baseAddress.Text);
        HttpResponseMessage response = await httpClient.PostAsync(requestUrl.Text, new
StringContent(postBox.Text));
        resultBox.Text = await response.Content.ReadAsStringAsync();
    }
    catch (HttpRequestException)
    {
        resultBox.Text = "http 请求异常";
    }
    catch (TaskCanceledException)
    {
        resultBox.Text = "请求被取消";
    }
    finally
    {
    }
    BTpostText.IsEnabled = true;
    BTcanclePost.IsEnabled = false;
    ring.IsActive = false;
}
```

在上面的代码中，关键的代码依然在 try 语句块中。同样先实例化一个 HttpClient，然后为属性 BaseAddress 赋值一个 Uri，最后调用 PostAsync 方法。该方法会传递两个参数，第一个参数是请求的 url，第二个参数是 Post 到服务器的数据。

3 当请求返回之后，利用如下代码将响应回来的数据显示到界面中。

```
resultBox.Text = await response.Content.ReadAsStringAsync();
```

界面运行效果如图 7-9 所示。

图 7-9　Post 请求返回的结果

7.3.5　图片下载

在程序开发中经常会使用到网络服务中的一些文件，比如说显示一张图片，或者将服务器中的文件下载到本地。本节就来看看如何利用 HttpClient 将服务器中的一张图片下载显示到程序界面中，并将图片保存起来。具体步骤如下。

1 将 MainPage.xaml 中下载图片按钮的 Click 事件连接到 downloadImage 方法上。

2 打开 MainPage.xaml.cs 文件实现 downloadImage 方法。代码如下。

```
async private void downloadImage(object sender, RoutedEventArgs e)
{
    BTdownloadImage.IsEnabled = false;
    ring.IsActive = true;
    try
    {
        httpClient = new HttpClient();
        httpClient.BaseAddress = new Uri(baseAddress.Text);
        HttpRequestMessage request = new HttpRequestMessage(HttpMethod.Get, "1.jpg");
        HttpResponseMessage response = await httpClient.SendAsync(request,
HttpCompletionOption.ResponseHeadersRead);
        await showImage(response);
        await saveImage(response);
    }
    catch (HttpRequestException)
    {
        resultBox.Text = "http 请求异常";
    }
    catch (TaskCanceledException)
    {
        resultBox.Text = "请求被取消";
    }
    finally
    {
    }

    BTdownloadImage.IsEnabled = true;
    ring.IsActive = false;

}
```

上面的代码中，首先指定了需要请求下载的图片路径，然后调用 SendAsync 方法开始下载图片。SendAsync 方法完成之后，会调用 showImage 和 saveImage 方法将图片显示和保存起来。

★ 提　示　笔者在服务器程序的根目录中放置了一个名为 1.jpg 的图片。

下面来看看 showImage 和 saveImage 两个方法的具体实现。

（1）showImage 的实现

首先将 response 的内容写入 randomAccessStream 中，然后新建一个 BitmapImage 实例，并将该实例赋值给一个 Image 对象，以将图片显示到界面中。代码如下。

```
// 显示图片
async Task<int> showImage(HttpResponseMessage response)
{
    InMemoryRandomAccessStream randomAccessStream = new InMemoryRandomAccessStream();
    DataWriter writer = new DataWriter(randomAccessStream.GetOutputStreamAt(0));
    writer.WriteBytes(await response.Content.ReadAsByteArrayAsync());
    await writer.StoreAsync();
    BitmapImage image = new BitmapImage();
    image.SetSource(randomAccessStream);
    imageview.Source = image;

    return 0;
}
```

（2）saveImage 方法的实现

首先创建一个文件，然后将 response 的内容写入文件中，代码如下。

```
// 保存图片
async Task<int> saveImage(HttpResponseMessage response)
{
    long tick = DateTime.Now.Ticks;

    string filename = tick.ToString();
    var imageFile = await ApplicationData.Current.LocalFolder.CreateFileAsync(filename + ".png",
CreationCollisionOption.ReplaceExisting);
    var fs = await imageFile.OpenAsync(FileAccessMode.ReadWrite);
    DataWriter writer = new DataWriter(fs.GetOutputStreamAt(0));
    writer.WriteBytes(await response.Content.ReadAsByteArrayAsync());
    await writer.StoreAsync();
    writer.DetachStream();
    await fs.FlushAsync();

    return 0;
}
```

现在运行程序，单击【下载图片】按钮就会将图片下载并显示到界面中，如图 7-10 所示。

建议读者运行 HttpServer 和 HttpClientExample 示例，来配合学习 HttpClient，效果会更好。

图 7-10　通过 HttpClient 下载图片

7.4 Web Services

在网络中有许多服务可以供我们使用。其中 Web Services 接口就有许多，包括天气资讯、邮编和 IP 查询等。

本节我们就来学习如何利用 Web Services 接口，开发一个小的天气查询程序。具体步骤如下。

1 利用 VS2012 新建一个工程，命名为"WebServices"。

2 在工程的解决方案中，右键单击引用→添加服务引用，会弹出如图 7-11 所示界面。

图 7-11　添加天气服务引用

在图 7-11 中，地址栏里面填写 http://www.webxml.com.cn/WebServices/WeatherWebService.asmx，然后单击【转到】按钮，片刻会看到服务列表中有一个名为 WeatherWebService 的可用服务。我们在命名空间上填入 WeatherWebService（不一定就是 WeatherWebService，可以是别的），然后单击【确定】按钮就添加好了天气 WebService 引用，如图 7-12 所示。

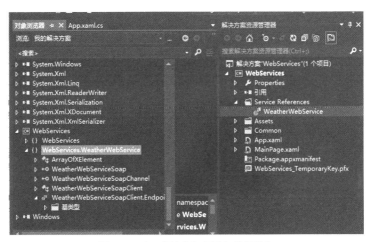

图 7-12　在工程中添加了天气引用服务

★ 提示　上面用到的天气服务是互联网上提供的一个服务。

❸ 设计 UI 界面。打开 MainPage.xaml 文件，用下面的代码替换文件中所有的 Grid 控件。

```xml
<Grid>
    <StackPanel Orientation="Vertical">
        <TextBlock HorizontalAlignment="Left" Height="68" TextWrapping="Wrap" Text="使用 Whether Web Service" VerticalAlignment="Top" Width="1306" FontFamily="Verdana" FontSize="48" Margin="38,20,0,0"/>
        <TextBlock HorizontalAlignment="Left" Height="27" TextWrapping="Wrap" Text="在下面输入城市的名称 (全球城市，例如 大理)" VerticalAlignment="Top" Width="813" FontFamily="Verdana" FontSize="20"/>
        <TextBox Name="inputZipCode" HorizontalAlignment="Left" Height="58" VerticalAlignment="Top" Width="813" FontFamily="Verdana" FontSize="36"/>
        <Button Name="GoButton" Content="查询" HorizontalAlignment="Left" Height="58" VerticalAlignment="Top" Width="813" FontFamily="Verdana" FontSize="36" Click="GoButton_Click"/>
        <ScrollViewer Background="DarkGray" HorizontalAlignment="Left" Height="483" Width="813">
            <TextBlock x:Name="resultDetails" HorizontalAlignment="Left" Height="2000" TextWrapping="Wrap" VerticalAlignment="Top" Width="704" FontFamily="Verdana" FontSize="25"/>
        </ScrollViewer>
        <ProgressRing Foreground="White" Name="ring" IsActive="False" Height="100" Margin="257,378,904,185" Width="100"/>
    </StackPanel>
</Grid>
```

上面代码在 VS2012 设计器中的显示效果如图 7-13 所示。

❹ 实现查询操作。打开 MainPage.xaml.cs 文件，实现方法 GoButton_Click，代码如下。

```csharp
private async void GoButton_Click(object sender, RoutedEventArgs e)
{
    ring.IsActive = true;
    WeatherWebServiceSoapClient proxy = new WeatherWebServiceSoapClient();

    if (inputZipCode.Text.Length == 0)
    {
        inputZipCode.Text = "大理";
    }
    string[] result = await proxy.getWeatherbyCityNameAsync(inputZipCode.Text);
    if (result.Length > 0)
    {
        ring.IsActive = false;

        StringBuilder resultString = new StringBuilder(100);
        foreach (string temp in result)
        {
            resultString.AppendFormat("{0}\n", temp);
        }
        resultDetails.Text = resultString.ToString();
    }
}
```

在上面的代码中使用到了步骤 2 中添加的 WeatherWebService。可以看到首先实例化了一个 WeatherWebServiceSoapClient，然后调用 getWeatherbyCityNameAsync 方法，该方法传入一个城市名称，如果能够正确返回，就将查询到的天气信息显示到界面中。

运行程序，看看效果如何。程序启动后，在界面中输入城市"大理"，然后单击【查询】按钮，可以看到如图 7-14 所示查询结果。

图 7-13 天气程序的 UI 界面设计

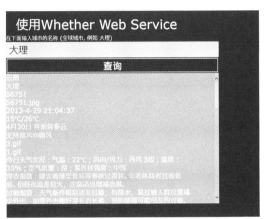

图 7-14 天气查询结果

7.5 Socket

在 Windows 商店应用程序中，微软还为开发者提供了 Socket 编程接口。其中，StreamSocket 可以用来进行 TCP 数据包网络通信，UDP 数据包网络通信则可以使用 DatagramSocket。本节我们就来学习如何利用 DatagramSocket 将 UDP 数据包发送到远程主机。

从抽象的角度来说，打开 UDP 连接和发送数据非常简单，只需要如下步骤即可：创建本地 socket →连接至远程主机→发送数据至远程主机。下面来看具体的实现过程。

1）创建本地 socket

使用 DatagramSocket 创建 socket，代码如下。

```
DatagramSocket udpSocket = new DatagramSocket();
```

DatagramSocket 的一个优点是不用指定具体使用的协议类型，因为它只发送 UDP 数据包。下面需要将 socket 绑定到一个本地端口，这个端口用来指定 UDP 数据包源于哪个端口。在这里，笔者使用的端口号为 3721，代码如下：

```
await udpSocket.BindServiceNameAsync("3721");
```

该语句只是简单地传了一个包含端口号的字符串给 BindServiceNameAsync 方法，这样就完成了本地端口的绑定。

2）连接至远程主机

打开一个到远程主机的连接。在该示例中，笔者连接到的 IP 地址为 192.168.1.1，由于 DatagramSocket.ConnectAsync()方法使用一个 HostName 类的实例作为参数，因此首先需要创建一个新的 HostName 来代表远程主机，代码如下。

```
HostName remoteHost = new HostName("192.168.1.1");
```

上面代码中传递的参数是一个包含 IP 地址的字符串。

然后调用 ConnectAsync 方法打开连接（需要传入创建的 HostName 和端口），代码如下。

```
await udpSocket.ConnectAsync(remoteHost, "3721");
```

3）发送数据至远程主机

一旦连接建立，就可以发送数据了。DatagramSocket 类并不包含任意的发送数据包方法，而需要使用 DataWriter 类。发送数据的第一步是创建一个新的 DataWriter，并将 DatagramSocket（udpSocket）的属性 OutputStream 传递进去，代码如下。

```
DataWriter udpWriter = new DataWriter(udpSocket.OutputStream);
```

现在，笔者将字符串"这里是破船之家"发送至远程主机。DataWriter 实际上是没有方法来处理这个操作的，发送数据需要分为以下两步。

1 将数据写入 OutputStream 中：

```
udpWriter.WriteString("这里是破船之家");
```

此时数据还没有发送到远程主机。

2 需要调用 DataWriter.StoreAsync 方法发送 UDP 包：

```
await udpWriter.StoreAsync();
```

上面的方法调用之后，就开始将数据发往远程主机上了。

下面是完整的代码：

```
// 创建一个新的 socket 实例，并绑定到一个本地端口上
DatagramSocket udpSocket = new DatagramSocket();
await udpSocket.BindServiceNameAsync("3721");

// 打开一个连接到远程主机上
HostName remoteHost = new HostName("192.168.1.1");
await udpSocket.ConnectAsync(remoteHost, "3721");

// 将一个字符串以 UDP 数据包形式发送到远程主机上
DataWriter udpWriter = new DataWriter(udpSocket.OutputStream);
udpWriter.WriteString("这里是破船之家");
await udpWriter.StoreAsync();
```

7.6 结束语

本章主要介绍了 Windows 商店应用程序开发中涉及到的一些网络知识，包括网络状态检测，本机 IP 地址获取,通过 HttpClient 进行 Get、Post 请求,以及文件的下载,最后还介绍了 Web Services 和 Socket 编程。在移动互联网时代，程序离不开网络，人们也离不开网络，开发者在写程序时，将网络功能集成到程序中是非常重要的。

下一章将介绍 Windows 商店应用开发中比较有特色的知识点：Tile、Toast 和 Badge 通知。

第 8 章　通　　知

在 Windows 8 中有许多种类型的通知，例如 Tile（磁贴）、Toast 和 Badgae 通知等。这些通知可以是图片，也可以是文字。在程序中利用好通知功能，会增强程序对用户的友好程度。本章就来分别介绍 Tile、Toast 和 Badgae 通知的使用。

8.1　Tile 通知

Tile 中文名称一般叫做磁贴。Tile 通知显示在开始屏幕上，是 Windows 8 和 Windows Phone 特有的功能。通过开始屏幕上的 Tile，用户可以快速查看最新邮件的主题、当前的天气情况和航班动态信息等。查看这些信息都不需要启动应用程序，因此对于没有运行的程序，Tile 通知非常有用。

图 8-1 是开始屏幕中两种不同类型的 Tile 通知。左边是天气程序的 Tile，显示了当前的天气信息，右边则是体育程序的 Tile，显示了一张图片以及与图片相关的文字介绍。

图 8-1　开始屏幕中的 Tile 通知

应用程序的 Tile 尺寸有以下两种。

① 150 像素×150 像素

② 310 像素×150 像素

默认情况下，每个新创建的程序都会有一个 150 像素×150 像素的正方形 Tile，并且这个 Tile 会默认使用程序中的 Logo.png 图片。而 310 像素×150 像素的 Tile 是一个宽 Tile，这个 Tile 是可选的。如果程序有宽 Tile（默认是没有的），用户可以在开始屏幕上自由地切换 Tile 的显示尺寸。

8.1.1　Tile 通知的使用

本节将介绍 Tile 通知的使用方法，包括更新默认静态 Tile 和利用代码更新 Tile。

1）更新默认静态 Tile

如果只是希望更新程序的静态 Tile（150 像素×150 像素），可以替换工程中的 Assets/Logo.png 图片，也可以通过 Package.appxmanifest 文件指定 Logo 图片，如图 8-2 所示。

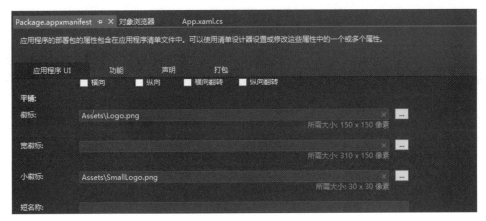

图 8-2　在 Package.appxmanifest 文件中修改默认静态 Tile

★提 示　这个图片的尺寸必须为 150 像素×150 像素。

图 8-3 是在开始屏幕中，默认静态 Tile 替换前后的对比，左边为替换前，右边为替换后。

2）利用代码更新 Tile

微软为开发者提供了 45 个 Tile 模板。这些 Tile 模板全部都是 xml 结构。下面就来看看如何在代码中利用这些模板来更新 Tile。具体步骤如下。

图 8-3　默认静态 Tile 的更新

1 利用 VS 新建一个空白工程，命名为"TileExample"。

2 添加 NotificationsExtensions 库。本章中介绍的 Tile、Toast 和 Badge 通知使用的都是 xml 模板，为了简化开发者对 xml 的操作，微软提供了一个 NotificationsExtensions 库。该库是一个对象库模型，通过它可以对 Tile、Toast 和 Badge 通知进行更新。更多关于 NotificationsExtensions 库的介绍，可以查阅微软 msdn：http://msdn.microsoft.com/zh-cn/library/windows/apps/hh969156. aspx。

★提 示　由于本章介绍的 Tile、Toast 和 Badge 通知都用到了 NotificationsExtensions 库，所以本章后面涉及到的所有代码都会在 TileExample 工程中。

下面将 NotificationsExtensions 库添加到工程中。

① 从 http://go.microsoft.com/fwlink/p/?linkid=231469 链接下载应用磁贴和锁屏提醒示例。

② 解压下载后的文件，并利用 Microsoft Visual Studio Express 2012 for Windows 8 打开文件中的解决方案（.sln）文件。

③ 将 VS 中的解决方案配置设置为"Release"，然后按【F7】键生成（build）工程。

④ 将生成的二进制文件 NotificationsExtensions.winmd（在 NotificationsExtensions\bin\x86\Release 目录下）复制到创建的 TileExample 工程根目录下。

⑤ 在 TileExample 工程中，通过添加引用浏览到 NotificationsExtensions.winmd，并将其添加到工程中。

添加后的工程如图 8-4 所示。

图 8-4   在 TileExample 工程中添加 NotificationsExtensions 库

3 UI 界面设计。打开 TileExample 工程中的 MainPage.xaml 文件，用以下代码替换 Gird 控件。

```
<Grid Background="BurlyWood">
    <Button Content="发送 Tile 文字  通知" FontSize="32" HorizontalAlignment="Left" Margin="26,303,0,0"
VerticalAlignment="Top" Height="60" Width="329" Click="SendTileText" Background="#FFF03911"/>
    <Button Content="发送 Tile 图片  通知" FontSize="32" HorizontalAlignment="Left" Margin="380,305,0,0"
VerticalAlignment="Top" Height="60" Width="340" Click="SendTilePic" Background="#FFEA3107"/>
    <Button Content="清除 Tile  通知" FontSize="32" HorizontalAlignment="Left" Margin="746,305,0,0"
VerticalAlignment="Top" Height="60" Width="279" Click="ClearTile" Background="#FFE63D17"/>
</Grid>
```

在上面的代码中，添加了 3 个按钮，分别用来发送 Tile 文字、发送 Tile 图片和清除 Tile 通知。

4 更新 Tile 通知。打开 MainPage.xaml.cs 文件，将下面 3 个方法添加到文件中。

```
private void SendTileText(object sender, RoutedEventArgs e)
{
    ITileSquareText04 squareContent = TileContentFactory.CreateTileSquareText04();
    squareContent.TextBodyWrap.Text = "你有三条未读短信！";

    ITileWideText03 tileContent = TileContentFactory.CreateTileWideText03();
    tileContent.TextHeadingWrap.Text = "你有三条未读短信！";

    tileContent.SquareContent = squareContent;

    TileUpdateManager.CreateTileUpdaterForApplication().Update(tileContent.CreateNotification());
}

private void SendTilePic(object sender, RoutedEventArgs e)
{
    ITileSquareImage squareContent = TileContentFactory.CreateTileSquareImage();

    squareContent.Image.Src = "http://img1.gtimg.com/4/460/46005/4600509_980x1200_292.jpg";
    squareContent.Image.Alt = "Web image";

    ITileWideImageAndText01 tileContent = TileContentFactory.CreateTileWideImageAndText01();

    tileContent.TextCaptionWrap.Text = "高清：撑杆跳伊辛巴耶娃 4 米 70 无缘奥运三连冠";

    tileContent.Image.Src = "http://img1.gtimg.com/4/460/46005/4600509_980x1200_292.jpg";
    tileContent.Image.Alt = "Web image";
```

```
    tileContent.SquareContent = squareContent;

    TileUpdateManager.CreateTileUpdaterForApplication().Update(tileContent.CreateNotification());
}

private void ClearTile(object sender, RoutedEventArgs e)
{
    TileUpdateManager.CreateTileUpdaterForApplication().Clear();
}
```

上面的方法 SendTileText 和 SendTilePic 中用到的 TileContentFactory 来自 NotificationsExtensions 库，需要在文件头部添加名称空间 NotificationsExtensions.TileContent。SendTileText 方法首先利用 ITileSquareText04 和 ITileWideText03 模板来构建默认 Tile 和宽 Tile 的内容，然后通过 TileUpdateManager.CreateTileUpdaterForApplication().Update 方法更新 Tile。SendTilePic 方法则使用 了 ITileSquareImage 和 ITileWideImageAndText01 模板，更新方法与 SendTileText 一致。在 ClearTile 方法中，通过 TileUpdateManager.CreateTileUpdaterForApplication().Clear()方法可以清除 Tile 上的信息。

5 让程序支持宽 Tile。在步骤 4 中，虽然已经更新了宽 Tile 内容，但是默认情况下，程序是 不支持宽 Tile 的。现在需要让程序支持宽 Tile。打开工程的 Package.appxmanifest 文件，指定一款 徽标（WideLogo），如图 8-5 所示。

图 8-5　让程序支持宽 Tile

★ 提示　这款徽标的尺寸必须为 310 像素×150 像素，如果尺寸不符合，会有错误提示。在 TileExample 工 程中，笔者绘制了一个 WideLogo，并将其添加到工程的 Assets 目录中，如图 8-6 所示。

添加了宽徽标之后，程序就能显示宽 Tile 了。另外，在这个工程中，笔者还指定了上一节中 使用的 Logo。

我们来运行一下程序，看看效果如何。首先按【F5】键启动调试程序，会看到如图 8-7 所示主 画面。

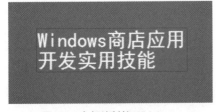

图 8-6　自行绘制的 WideLogo

图 8-7　TileExample 程序主画面

此时如果切换到开始屏幕，可以看到图 8-8 左侧的画面。如果在这个 Tile 上右键单击，然后选择"放大"选项，则会看到图 8-8 右侧的画面。

图 8-8　TileExample 程序默认显示的 Tile 和宽 Tile

再次回到主画面，单击【发送 Tile 文字通知】按钮，然后切换到开始屏幕，分别查看默认 Tile 和宽 Tile 的内容，应该为如图 8-9 所示结果。

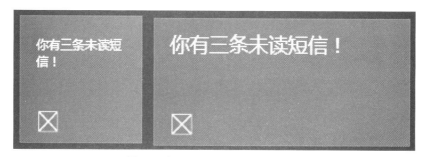

图 8-9　在 Tile 上显示了一些文字信息

再按照上面的操作，在主画面中单击【发送 Tile 图片通知】按钮，看到的结果如图 8-10 所示（由于更新的图片来自网络，可能需要等几秒钟才能看到效果）。

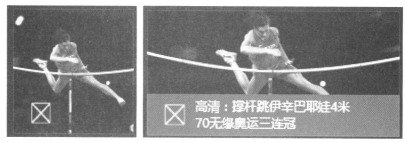

图 8-10　在 Tile 上显示图片信息

如果单击主画面中的【清除 Tile 通知】按钮，则会将 Tile 中的信息清除掉（包括图片和文字）。此时在开始屏幕中看到的结果则如图 8-8 所示。

8.1.2　次要 Tile 通知的使用

我们的程序中不仅可以有一个 Tile，还可以有多个 Tile，这些 Tile 称为次要 Tile（Secondary Tile）。比如说，在人脉程序中，可以分别将多个联系人固定到开始屏幕中，如图 8-11 所示，单击不同的 Tile，就可以直接查看相关联系人的信息。

图 8-11　人脉程序的多个次要 Tile

图 8-12 则是天气程序中的多个次要 Tile，每个 Tile 代表对应城市的相关天气信息。

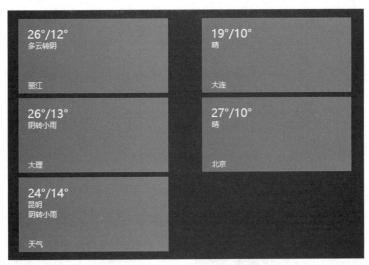

图 8-12　天气程序中的多个次要 Tile

可以看到，有时候次要 Tile 非常有用，一般一个次要 Tile 会对应程序中的一个页面。下面就来看看如何在程序中添加次要 Tile。

1）添加一个次要 Tile

我们在上一节程序 TileExample 的基础上添加次要 Tile。具体步骤如下。

1 新建一个 SecondaryTilePage 页面。在 TileExample 工程中添加一个空白页面，并将这个页面命名为 "SecondaryTilePage.xaml"。

2 设计 UI 界面。打开 SecondaryTilePage.xaml 文件，用以下代码替换页面中的 Grid 控件。

```
<Grid Background="{StaticResource ApplicationPageBackgroundThemeBrush}">
    <TextBlock Text="这里是次要 Tile 对应的页面" HorizontalAlignment="Center" VerticalAlignment="Center"
FontSize="40" Foreground="Red"></TextBlock>
```

```
<Button Content="将此页面固定到开始屏幕" FontSize="32" HorizontalAlignment="Left"
Margin="433,481,0,0" VerticalAlignment="Top" Height="60" Width="481" Click="pinToStartScreen"
Background="#FFF03911"/>
        <Button Content="更新次要 Tile 内容" FontSize="32" HorizontalAlignment="Left" Margin="490,578,0,0"
VerticalAlignment="Top" Height="60" Width="369" Click="updateSecondaryTile" Background="#FFF03911"/>
</Grid>
```

上面代码的效果如图 8-13 所示。

3 打开 SecondaryTilePage.xaml.cs 文件，实现 pinToStartScreen 方法。

代码如下：

```
async private void pinToStartScreen(object sender, RoutedEventArgs e)
{
    SecondaryTile    secondaryTile = new SecondaryTile(
                                "tileId",
                                "SecondTile",
                                "Secondary Tile",
                                "target=SecondaryTilePage",
                                TileOptions.ShowNameOnWideLogo,
                                new Uri("ms-appx:///Assets/secondaryTile.png"),
                                new Uri("ms-appx:///Assets/secondaryTileWide.png"));
    await secondaryTile.RequestCreateAsync();
}
```

在上面的代码中，首先创建了一个 SecondaryTile 对象。在其构造函数中需要传入一些参数，其中，第一个参数 tileId 用来表示次要 tile，更新次要 tile 时会用到；第二个参数 SecondTile 和第三个参数 Secondary Tile 用来显示使用；第四个参数 target=SecondaryTilePage 是当在开始屏幕中单击这个次要 Tile 时，传递给程序的参数值，这个参数值可以在 App.xaml.cs 文件的 OnLaunched 方法中获取到；第五个参数 TileOptions.ShowNameOnWideLogo 用来控制程序名字的显示；最后两个 URI 参数用来表示 Tile 显示的图片资源。然后调用 SecondaryTile 的 RequestCreateAsync 方法，就可以向用户请求在开始屏幕中创建一个次要 Tile 了。

现在运行程序，并从主画面导航到 SecondaryTilePage 页面，然后单击这个次要 Tile 页面中的【将此页面固定到开始屏幕】按钮，会弹出如图 8-14 所示画面。

图 8-13 SecondaryTilePage 页面效果

图 8-14   为页面创建一个次要 Tile

在图 8-14 中，会显示一个提示画面，只有当用户单击【固定到"开始"屏幕】按钮时，才会真正在开始屏幕上创建出次要 Tile，如图 8-15 所示，左边是 150 像素×150 像素的次要 Tile，右边是 310 像素×150 像素的宽次要 Tile。

图 8-15　在开始屏幕上创建出的次要 Tile

2）导航到次要 Tile 对应的页面

当用户点击开始屏幕上的次要 Tile 时，希望打开对应的页面，此时需要在程序中做一点小的改动。

打开 App.xaml.cs 文件，找到 OnLaunched 方法，将下面斜体加粗的代码添加到 OnLaunched 方法中。

★ **提示**　添加的时候，确保在 Window.Current.Content = rootFrame;后面，if (rootFrame.Content == null)前面。

```
// ......
        // 将框架放在当前窗口中
        Window.Current.Content = rootFrame;
    }

    if (args.Arguments.Contains("SecondaryTilePage"))
    {
        rootFrame.Navigate(typeof(SecondaryTilePage));
    }

    if (rootFrame.Content == null)
{
// ......
```

上面的代码只是为了演示使用，如果在程序中有多个次要 Tile，那么需要导航到不同的页面。

完成上面的代码之后，如果再次运行程序，并将 SecondaryTilePage 页面重新固定到开始屏幕，然后在开始屏幕点击这个次要 Tile，会发现程序会直接打开 SecondaryTilePage 页面了。打开的页面如图 8-13 所示。

3）更新次要 Tile

次要 Tile 的更新方式几乎与程序 Tile 的更新一样，只不过在代码上有一些微调。我们先来看看更新次要 Tile 的代码，打开 SecondaryTilePage.xaml.cs 文件，并实现以下方法。

```
private void updateSecondaryTile(object sender, RoutedEventArgs e)
{
    if (SecondaryTile.Exists("tileId"))
    {
        ITileSquareImage squareContent = TileContentFactory.CreateTileSquareImage();

        squareContent.Image.Src = "http://img1.gtimg.com/4/460/46005/4600509_980x1200_292.jpg";
        squareContent.Image.Alt = "Web image";
```

```
ITileWideImageAndText01 tileContent = TileContentFactory.CreateTileWideImageAndText01();

tileContent.TextCaptionWrap.Text = "高清：撑杆跳伊辛巴耶娃 4 米 70 无缘奥运三连冠";

tileContent.Image.Src = "http://img1.gtimg.com/4/460/46005/4600509_980x1200_292.jpg";
tileContent.Image.Alt = "Web image";

tileContent.SquareContent = squareContent;


TileUpdateManager.CreateTileUpdaterForSecondaryTile("tileId").Update(tileContent.CreateNotification());
    }
}
```

在上面的代码中，首先判断次要 Tile 是否存在，注意这里使用的参数 tileId 是在创建次要 Tile 时指定的第一个参数。接下来，if 语句中的代码与 8.1.2 小节中 SendTilePic 方法中的代码几乎完全一致，只不过最后一行代码有稍微的差别，在上面的代码中是调用 TileUpdateManager 的 CreateTileUpdaterForSecondaryTile 方法，而不是 SendTilePic 方法中的 CreateTileUpdaterFor Application。

现在来运行程序，单击 SecondaryTilePage 页面中的【更新次要 Tile 内容】按钮，然后切换到开始屏幕，可以看到如图 8-16 所示效果（由于更新的图片是来自网络，可能需要等几秒钟才能看到效果）。

图 8-16　更新次要 Tile 后的效果

8.2　Toast 通知

Toast 通知实际上并不是 Windows 8 中的新特征，在微软的 Outlook 或者一些社交类客户端应用程序中都可以看到 Toast 的身影。Toast 通知主要用于传达对时间敏感的个人信息，例如朋友发来了一条消息，需要及时查看。Toast 通知暗示有一个事件或者内容需要用户关注。当点击 Toast 通知时会启动应用程序，并可以进入与通知相关的页面。

1）Toast 通知的使用

微软同样为开发者提供了一些 Toast 模板，我们只需要在代码中创建需要的模板，然后初始化一些数据，并调用 ToastNotificationManager.CreateToastNotifier().Show 方法就可以显示出 Toast 了。不过有点点不同的是需要更新一下 Package.appxmanifest。

同样，这里在上一节程序 TileExample 的基础上添加次要 Toast 功能。具体步骤如下。

1 更新 Package.appxmanifest 文件。打开 TileExample 工程中的 Package.appxmanifest 文件，并在应用程序 UI 选项中:将"支持 Toast 通知"选项设置为"是"，如图 8-17 所示。

图 8-17　在 Package.appxmanifest 文件中设置支持 Toast 通知

2 在 MainPage.xaml 文件中添加一个按钮，这个按钮用来创建一个 Toast 通知。按钮的定义如下。

```
<Button Content="显示 Toast 通知" FontSize="32" HorizontalAlignment="Left" Margin="26,495,0,0"
VerticalAlignment="Top" Height="60" Width="410" Click="showToast" Background="#FFF03911"/>
```

上面代码中将按钮的 Click 事件绑定到了 showToast。

3 打开 MainPage.xaml.cs 文件，实现 showToast 方法。代码如下：

```
private void showToast(object sender, RoutedEventArgs e)
{
    IToastImageAndText01 toastContent = ToastContentFactory.CreateToastImageAndText01();
    toastContent.TextBodyWrap.Text = "恭喜你，中 500W！";
    toastContent.Image.Src = "/Assets/bv_logo.png";

    ToastNotificationManager.CreateToastNotifier().Show(toastContent.CreateNotification());
}
```

上面代码中，第一行是创建了一个带图片的 Toast 模板，接下来给这个 toastContent 实例设置一个字符串和一个图片。最后一行代码则是将这个 Toast 通知显示到屏幕上。

★ **提 示**　笔者在工程中的 Assets 目录下放置了一个名为 bv_logo.png 的图片。

运行程序，单击主画面中的【显示 Toast 通知】按钮，可以看到屏幕中出现了一个 Toast 画面，如图 8-18 所示。

图 8-18　显示 Toast 通知

2）获取 Toast 通知的参数

实际上，在显示 Toast 通知时，可以设置 Toast 通知的 launch 参数。当程序通过 Toast 通知启动时，可以获取到这个参数。下面先来看看 Toast 通知 launch 参数的完整流程。

① 程序或者 web service 创建并发送一个包含 launch 字符串的 Toast 通知；
② Toast 通知显示到界面中；
③ 用户单击 Toast 通知；
④ OnLaunched 事件被触发；
⑤ 在程序的 OnLaunched 处理函数中读取 launch 字符串；
⑥ 程序根据 launch 字符串做出响应的处理（打开指定画面、进行数据请求等）。

上面的流程已经详细介绍了 Toast 事件和相关数据的流转。下面来看看如何在程序中发送一个带 launch 参数的 Toast 通知，并在程序的 OnLaunched 方法中获取该 launch 参数。

首先，在上面的 showToast 方法中，将下面代码添加到第一行代码后面。

toastContent.Launch = "toast 通知=>SecondaryTilePage";

添加完成后的 showToast 方法应该是这样的：

```
private void showToast(object sender, RoutedEventArgs e)
{
    IToastImageAndText01 toastContent = ToastContentFactory.CreateToastImageAndText01();
    toastContent.Launch = "toast 通知=>SecondaryTilePage";
    toastContent.TextBodyWrap.Text = "恭喜你，中 500W！";
    toastContent.Image.Src = "/Assets/bv_logo.png";

    ToastNotificationManager.CreateToastNotifier().Show(toastContent.CreateNotification());
}
```

然后在 App.xaml.cs 文件中添加如下一行代码。

string launchString = args.Arguments;

并在该代码处打一个断点（稍后调试的时候用到）。

现在来运行程序并发送一个 Toast 通知，然后点击 Toast 通知，此时可以在断点处看到如图 8-19 所示信息。

上面代码如果一切顺利的话，会打开到之前编写的 SecondaryTilePage 页面。

图 8-19　在 Onlaunch 方法中获取 Toast 通知携带的参数

8.3 Badge 通知

Badge 通知可以理解为 Tile 通知的特殊类型，因为 Badge 通知显示的位置是在 Tile 的右下角。badge 通知可以显示 11 个图形或者从 1 到 99 之间任意的一个数字。图 8-20 右下角的数字表示当前在应用商店中有 15 个程序可以更新。

1）Badge 可以显示的图形（表 8-1）

图 8-20　应用商店上的 Badge

表 8-1　Badge 可以显示的 11 个图形

状　态	图　形	XML
空	不显示 Badge	<badge value="none"/>
活动	⟳	<badge value="activity"/>
警告	✳	<badge value="alert"/>
可用	○	<badge value="available"/>
离开	○	<badge value="away"/>
忙碌	○	<badge value="busy"/>
新消息	✉	<badge value="newMessage"/>
暂停	‖	<badge value="paused"/>
播放中	▶	<badge value="playing"/>
不可用	◉	<badge value="unavailable"/>
错误	✕	<badge value="error"/>
提示	❗	<badge value="attention"/>

2）Badge 通知的使用

下面通过示例代码介绍如何将数字 Badge 和图形 Badge 显示到 Tile 中，具体步骤如下。

1 UI 界面设计。同样打开 TileExample 工程，在 MainPage.xaml 文件中定义两个按钮，分别用于显示数字 Badge 和图形 Badge，代码如下。

```
<Button Content="显示数字 Badge 通知" FontSize="32" HorizontalAlignment="Left" Margin="26,560,0,0"
VerticalAlignment="Top" Height="60" Width="350" Click="showBadgeWithNumber" Background="#FFF03911"/>
<Button Content="显示图形 Badge 通知" FontSize="32" HorizontalAlignment="Left" Margin="26,625,0,0"
VerticalAlignment="Top" Height="60" Width="350" Click="showBadgeWithGlyph" Background="#FFF03911"/>
```

上面两个按钮的 Click 事件分别绑定到 showBadgeWithNumber 和 showBadgeWithGlyph 上。

2 显示 Badge。打开 MainPage.xaml.cs 文件，添加以下两个方法。

```
private void showBadgeWithNumber(object sender, RoutedEventArgs e)
{
    BadgeNumericNotificationContent badgeContent = new BadgeNumericNotificationContent(11);
```

```
    BadgeUpdateManager.CreateBadgeUpdaterForApplication().Update(badgeContent.CreateNotification());
}

private void showBadgeWithGlyph(object sender, RoutedEventArgs e)
{
    BadgeGlyphNotificationContent badgeContent = new BadgeGlyphNotificationContent(GlyphValue.Playing);
    BadgeUpdateManager.CreateBadgeUpdaterForApplication().Update(badgeContent.CreateNotification());
}
```

如上面代码所示，在 showBadgeWithNumber 方法中实例化了一个 BadgeNumericNotificationContent 对象，并设置数字为 11。然后调用 BadgeUpdateManager.CreateBadgeUpdaterForApplication().Update 方法进行更新显示。而 showBadgeWithGlyph 方法则是实例化了一个 BadgeGlyphNotificationContent 对象，并将图形设置为播放中的状态。

运行程序，图 8-21 是 Badge 在 Tile 中的显示效果，左边是数字类型的 Badge，右边是图形类型的 Badge。

图 8-21　Badge 在 Tile 中的显示效果

8.4　结束语

本章介绍了 Windows 商店应用开发中常用的几种通知：Tile、Toast 和 Badge。在程序中利用好这些通知，能够大大提升程序的用户体验，特别是 Tile，无论是资讯类程序，还是游戏类程序，都是不错的选择。

下一章将介绍多媒体的相关开发。

第 9 章 多 媒 体

微软为 Windows 商店应用程序开发提供了一些多媒体 API，在程序中适当地添加多媒体效果，能够吸引用户的关注度。本章就来学习如何在程序中对图片进行基本的操作，以及如何播放音频和视频，最后还会介绍如何利用摄像头采集图片和视频。

9.1 图片

在程序中经常会用到图片，包括图片的显示、缩放、旋转和裁剪等。下面先来看看如何将图片显示到界面中。

9.1.1 将图片显示到界面中

图片的显示可以利用 Image 控件，Image 控件继承自 UIElement。 Image 控件支持的图片格式包括 JPEG、PNG、BMP、GIF、TIFF 和 ICO 等。

Image 控件不仅可以显示来自本机设备中的图片资源，还可以自动获取并显示网络中的图片。下面是具体的实现步骤。

1 利用 VS2012 新建一个空白工程，并命名为"ImageUsage"。

2 打开工程中的 MainPage.xaml 文件，用下面的代码替换 Grid 控件：

```
<Grid Background="{StaticResource ApplicationPageBackgroundThemeBrush}">
    <Image Name="image1" Source="Assets/1.jpg" Margin="87,111,950,392"/>
    <Image Name="image2" Source="http://beyondvincent.com/wp-content/uploads/2013/04/mobile-fire.png"
Margin="548,111,389,419"/>
</Grid>
```

如上面代码所示，在 Grid 中添加了两个 Image 控件。其中，image1 用来显示工程中 Assets 目录下的 1.jpg 文件，image2 用来显示网络中的 png 格式图片。

运行程序，可以看到如图 9-1 所示效果，左侧图片来自工程，右侧图片来自互联网。

图 9-1 在 xaml 文件中设置 Image 控件的显示源信息

⭐**提示** 网络中的图片一般不会立即显示，通常需要几秒种时间才能将资源下载并显示。

实际上，利用 Image 控件不仅可以在 xaml 文件中设置显示源，也可以通过代码进行设置，将

如下代码添加到 MainPage.xaml.c 文件的 OnNavigatedTo 方法中，显示效果与图 9-1 一致：

```
image1.Source = new BitmapImage(new Uri("ms-appx:///Assets/1.jpg"));
image2.Source = new BitmapImage(new
Uri("http://beyondvincent.com/wp-content/uploads/2013/04/mobile-fire.png"));
```

9.1.2　图片的变换

图片的移动、缩放和旋转等都属于图片的变换范畴。

1）变换的定义

变换在数学上是这样定义的：

非空集合 A 到自身的一个映射 f：A→A 称为集合 A 的变换。

变换是基于某个数学公式，从一个点到新的一个点。如果将某个对象所有的点都应用到这个公式上，就可以将对象进行移动、缩放和旋转等操作。

2）Windows 商店应用中的变换

在 Windows Runtime 中，UIElement 定义了以下 3 个属性来支持变换。

- RenderTransform：位置变换信息。
- RenderTransformOrigin：RenderTransform 变换的原点信息。
- Projection：投影效果（三维效果）。

这些属性是定义在 UIElement 上的，可见所有的 Element 都可以进行变换，例如，Image、TextBlock 和 Button。如果在 Panel 的子类(如 Grid)上进行变换，那么这个子类所有的孩子都会同时被变换。

★ 提示　Image 控件直接继承自 FrameworkElement，而 FrameworkElement 则继承自 UIElement。

3）变换的类型

在 Windows Runtime 中，变换有如下两种类型。

（1）仿射变换（RenderTransform）

将对象进行仿射变换之后，点的共线性和共面性，以及直线的平行性都保持不变。只是位置、大小、方向发生改变而已。图 9-2 是仿射变换中涉及类的继承关系图。

从图 9-2 中可以看出，Transform 有 7 个子类，这表示仿射变换有 7 种类型，包括平移、缩放和旋转等。从 TranslateTransform 到 TransformGroup 是按照数学公式复杂度排列的，越往下，复杂度越高。

UIElement 的属性 RenderTransform 就是 Transform 类型，通过将图 9-2 中的任意一个变换实例赋值给这个 RenderTransform，就能达到变换的效果。

在仿射变换中，一般 CompositeTransform 变换使用率比较高，因为 CompositeTransform 可以同时进行多种变换操作（移动、缩放和旋转等）。

（2）非仿射变换（Projection）

非仿射变换主要用于三维视觉，在三维空间中，非仿射变换总是基于某个轴（X、Y 或 Z）进行的。很明显，在这种情况下，对象的平行关系是会发生改变的。非仿射变换也经常称为模拟 3D 变换，比如 Flip（翻转）。图 9-3 是非仿射变换中涉及类的继承关系图。

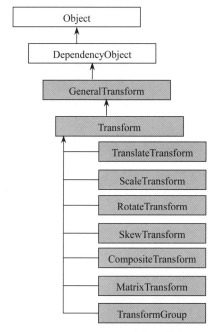

图 9-2 仿射变换中涉及类的继承关系图

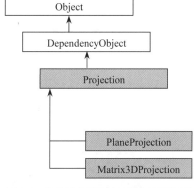

图 9-3 非仿射变换中涉及类的继承关系图

从图 9-3 中可以看到，Projection 有 2 个子类。其中，PlaneProjection 表示让对象进行三维效果的变换；而 Matrix3DProjection 则可以将 Matrix3D 效果应用于对象。在使用的时候，只需要将 PlaneProjection 或 Matrix3DProjection 实例赋值给 UIElement 的属性 Projection 即可。

4）变换的实现

关于图片的变换，上面介绍了许多理论性的知识，实际上在程序中对图片进行变换是非常方便的。下面就来看看如何进行图片的变换。这里分别介绍如何在 xaml 和 C#代码中对图片进行相同的变换处理。

（1）XAML 中变换

新建一个工程，命名为"ImageTransform"，在 MainPage.xaml 文件中，用下面的代码替换 Grid 控件：

```xml
<Grid Background="Black">
    <Grid.ColumnDefinitions>
        <ColumnDefinition/>
        <ColumnDefinition/>
        <ColumnDefinition/>
    </Grid.ColumnDefinitions>
    <TextBlock Text="原始效果" Grid.Column="0" Grid.Row="0" HorizontalAlignment="Center" FontSize="50"
Margin="128,76,85,632" Width="242"></TextBlock>
    <Image Name="orgimage"    Grid.Column="0" Grid.Row="0" Source="Assets/1.jpg" ></Image>
    <TextBlock Text="旋转与缩放效果" Grid.Column="1" Grid.Row="0" HorizontalAlignment="Center"
FontSize="50" Margin="53,76,0,632" Width="403"></TextBlock>
    <Image Name="image1" Grid.Column="1" Grid.Row="0" Source="Assets/1.jpg" Grid.ColumnSpan="2"
Margin="23.88,-5.97,431.12,5.97" UseLayoutRounding="False" d:LayoutRounding="Auto" >
        <Image.RenderTransformOrigin>0.5 0.5</Image.RenderTransformOrigin>
        <Image.RenderTransform>
```

```
        <CompositeTransform Rotation="45" ScaleX="0.5" ScaleY="0.5"></CompositeTransform>
      </Image.RenderTransform>
    </Image>
    <TextBlock Text="翻转效果" Grid.Column="2" Grid.Row="0" HorizontalAlignment="Center" FontSize="50"
Margin="128,76,127,632"></TextBlock>
    <Image Name="image2" Grid.Column="2" Grid.Row="0" Source="Assets/1.jpg" >
      <Image.Projection>
        <PlaneProjection RotationY="60"/>
      </Image.Projection>
    </Image>
    <Image Grid.Column="1" HorizontalAlignment="Left" Height="92" Margin="352,676,0,0"
VerticalAlignment="Top" Width="549" Source="BeyondVincentWin8Logo.png" Grid.ColumnSpan="2"/>
</Grid>
```

　　如上面代码所示，在 Grid 中放置了 3 个 Image 控件，其中名为 orgimage 的图片没有经过变换处理，名为 image1 的图片进行了仿射变换——顺时针旋转 45°，并且整体缩小为原来的 0.5 倍，名为 image2 的图片进行了非仿射变换——沿着 Y 轴旋转 60°。程序运行的效果如图 9-4 所示。

图 9-4　经过变换处理后的图片效果

　　（2）通过 C#代码变换

　　下面通过 C#代码实现与图 9-4 相同的效果。打开 MainPage.xaml.cs 文件，重写 OnNavigatedTo 方法，代码如下。

```
protected override void OnNavigatedTo(NavigationEventArgs e)
{
    CompositeTransform transform = new CompositeTransform();
    transform.Rotation = 45;
    transform.ScaleX = 0.5;
    transform.ScaleY = 0.5;
    image1.RenderTransform = transform;

    PlaneProjection project = new PlaneProjection();
    project.RotationY = 60;
    image2.Projection = project;
}
```

　　上面代码中，首先实例化了一个 CompositeTransform，然后设置旋转角度和缩放因子，并将其赋值给 image1 的 RenderTransform。针对 image2 则实例化一个 PlaneProjection，并设置为沿 Y 轴旋转 60°。运行程序，可以看到如图 9-4 所示效果。

9.1.3　手势操作图片

为了方便用户对图片的操作，可以将手势集成到程序中，实现对图片的实时缩放、旋转和移动等仿射变换操作。这样的功能实现起来是非常简单的，下面通过示例程序介绍如何用手势操作图片。具体步骤如下。

1 利用 VS 新建一个空白工程，并命名为"ManipulationImage"。

2 在工程的 Assets 目录中放置一张名为 1.jpg 的图片。

3 打开 MainPage.xaml.cs 文件，用以下代码替换 Grid 控件。

```
<Grid Background="{StaticResource ApplicationPageBackgroundThemeBrush}">
    <Image Source="Assets/1.jpg" ManipulationMode="All" Margin="385,196,461,257">
        <Image.RenderTransform>
            <CompositeTransform />
        </Image.RenderTransform>
    </Image>
</Grid>
```

如上面代码所示，在 Image 中将 CompositeTransform 赋值给 RenderTransform。这样在后端代码中就可以直接利用 CompositeTransform 变换了。

4 打开 MainPage.xaml.cs 文件，在该文件中重写 OnManipulationDelta 方法。当用户在屏幕上进行手势操作时，通过该方法可以捕获到手势的相关参数信息，利用这些参数就可以对屏幕中的图片进行变换了。以下是具体的实现代码。

```
protected override void OnManipulationDelta(ManipulationDeltaRoutedEventArgs args)
{
    Image image = args.OriginalSource as Image;
    CompositeTransform transform = image.RenderTransform as CompositeTransform;
    transform.TranslateX += args.Delta.Translation.X;
    transform.TranslateY += args.Delta.Translation.Y;

    transform.ScaleX *= args.Delta.Scale;
    transform.ScaleY *= args.Delta.Scale;

    transform.Rotation += args.Delta.Rotation;

    base.OnManipulationDelta(args);
}
```

在上面的代码中，通过获取 args 中的相关参数信息（包括旋转的角度、缩放的因子），就可以对图片进行变换了。

运行程序，在屏幕上进行手势操作，可以看到如图 9-5 所示效果。

★提示　笔者这里是利用 VS2012 提供的模拟器进行的手势操作模拟（旋转和捏合）。另外，原本笔者计划对图片的裁剪也进行介绍，不过发现微软官方网站提供的一个示例非常全面，这里就不再赘述了。如果读者对图片裁剪感兴趣的话，可以参考下面给出的示例链接：

http://code.msdn.microsoft.com/windowsapps/CSWin8AppCropBitmap-52fa1ad7

图 9-5　通过手势对图片进行移动、旋转和缩放变换

9.2　音频和视频的播放

在程序中经常会播放一些音频和视频,比如在玩游戏时可以通过播放音频来响应用户的一些操作,另外在一些新闻类程序中,可以适当播放与新闻资讯相关的视频信息,这样会增强程序的用户体验。

音频和视频的播放一般通过控件 MediaElement 完成。MediaElement 不仅可以播放本地媒体文件,还可以播放来自互联网中的媒体文件。通过该控件,开发者可以对播放中的媒体文件进行暂停、停止、自动播放等控制。下面,就通过一个实例来介绍如何利用 MediaElement 播放视频文件。具体步骤如下。

1 利用 VS2012 新建一个空白工程,并命名为"PlayVideo"。

2 在工程中放置一个名为 wsw6.wmv 的视频。

3 打开 MainPage.xaml 文件,利用以下代码替换 Grid 控件。

```
<Grid >
    <MediaElement x:Name="mediaElement" Source="wsw6.wmv" Margin="144,58,146,167" />
    <Button Content="选择文件" x:Name="SelectFileBT"    Margin="256,639,0,91" Click="SelectBtn_Click"/>
    <Button x:Name="Play" Content="播放" Margin="379,639,0,91" Click="Play_Click" />
    <Button x:Name="Pauses" Content="暂停" Margin="458,639,0,91" Click="Pauses_Click" />
    <Button x:Name="Stop" Content="停止" Margin="556,639,0,91" Click="Stop_Click" />
    <Slider Name="slider" Value="{Binding ElementName=mediaElement, Path=Volume,
Converter={StaticResource DataConverter1}, Mode=TwoWay}"    HorizontalAlignment="Left" Maximum="100"
Minimum="0" Margin="684,651,0,0" VerticalAlignment="Top" Width="353"/>
</Grid>
```

在上面代码中,首先在 Grid 中添加了一个 MediaElement 控件,并将它的 Source 指向工程中的 wsw6.wmv 文件。然后,添加了几个控制媒体文件播放的按钮:选择文件、播放、暂停和停止,并将它们的 Click 事件绑定到对应的方法中。最后添加了一个 Slider 控件,用来控制 MediaElement 控件的播放音量。在这里将 Slider 控件绑定到 mediaElement 控件的 Volume 属性上,并设置了一个转换器(稍后会介绍转换器的实现),同时将绑定中的 Mode 设置为 TwoWay(双向绑定)。

4 实现转换器。如步骤 3 中的介绍，在 Slider 的绑定中有一个转换器，该转换器的目的是将 Slider 的 Value 值与 MediaElement 的 Volume 属性值进行相互转换。

★**提 示**　Slider 的取值范围是 0～100，而 MediaElement 值只能为 0～1。

在工程中添加一个类 BindingConvert 文件，并用以下代码替换文件中的所有内容。

```
using System;
using System.Collections.Generic;
using System.Linq;
using System.Text;
using System.Threading.Tasks;
using Windows.UI.Xaml.Data;

namespace PlayVideo
{
    public class DataConverter : IValueConverter
    {
        public object Convert(object value, Type targetType, object parameter, string language)
        {
            return (double)value * 100;
        }

        public object ConvertBack(object value, Type targetType, object parameter, string language)
        {
            return (double)value / 100;
        }
    }
}
```

如上面代码所示，新建了一个 DataConverter 类，并实现了 IValueConverter 接口中的两个方法。这两个方法用来将 Slider 的值和 MediaElement 的值进行转换。

再次回到 MainPage.xaml 文件中，将以下代码添加在 Grid 控件上面。

```
<Page.Resources>
    <local:DataConverter x:Key="DataConverter1"/>
</Page.Resources>
```

上面代码的作用是创建一个转换器实例，供 Slider 控件使用。

完成上面的操作之后，就可以通过 Slider 控件来控制 mediaElement 控件的音量了。

5 实现 MainPage.xaml.cs 文件。打开该文件，实现步骤 2 中添加按钮的事件方法。如下面代码所示，共 4 个方法。

```
private async void SelectBtn_Click(object sender, RoutedEventArgs e)
{
    var FileOpen = new FileOpenPicker();
    FileOpen.SuggestedStartLocation = PickerLocationId.VideosLibrary;
    FileOpen.FileTypeFilter.Add(".MP4");
    FileOpen.FileTypeFilter.Add(".WMV");
    FileOpen.FileTypeFilter.Add(".mp3");
    var File = await FileOpen.PickSingleFileAsync();
```

```
    var Stream = await File.OpenAsync(FileAccessMode.Read);
    mediaElement.SetSource(Stream, File.ContentType);
    mediaElement.Play();
}

private void Play_Click(object sender, RoutedEventArgs e)
{
    mediaElement.Play();
}

private void Pauses _Click(object sender, RoutedEventArgs e)
{
    mediaElement.Pause ();
}

private void Stop_Click(object sender, RoutedEventArgs e)
{
    mediaElement.Stop();
}
```

　　其中，第一个方法 SelectBtn_Click 用来从文件打开选取器中选择一个媒体文件，并赋值给 mediaElement 进行播放。

　　第二个方法 Play_Click 用来启动 mediaElement 控件的播放。

　　第三个方法 Pauses_Click 用来暂停 mediaElement 控件的播放。

　　第四个方法 Stop_Click 用来停止 mediaElement 控件的播放。

　　至此代码编写完毕，运行程序，程序播放视频的效果如图 9-6 所示。

图 9-6　利用 MediaElement 控件播放媒体文件

　　单击画面中的按钮可以控制 MediaElement 对媒体文件的播放，右边的 Slider 控件可以控制音量。

9.3 利用摄像头采集图片和视频

在社交类程序以及图形图像处理程序中，会经常利用摄像头来采集图片或者视频，并将采集到的媒体分享到网络中。因此，掌握摄像头的使用非常有帮助。

在 Windows 商店应用程序中，微软为开发者提供了一个 CameraCaptureUI 类，通过该类可以很方便地采集图片和视频，并且有许多参数可以供开发者进行设置。另外在采集媒体的时候，用户也可以根据自己的喜好，对媒体文件进行裁剪编辑。

下面，就通过一个实例介绍如何利用摄像头来采集图片和视频，具体步骤如下。

1 利用 VS2012 新建一个空白工程，并命名为"CaptureImage"。

2 打开工程中的 Package.appxmanifest 文件，在功能选项卡中选中麦克风和网络摄像机，这样在程序中就能有使用麦克风和网络摄像机的权限了。

★ **提 示** 第一次打开摄像头时会给用户一个提示，由用户决定程序是否有权限使用摄像头。

麦克风和网络摄像机的功能勾选，如图 9-7 所示。

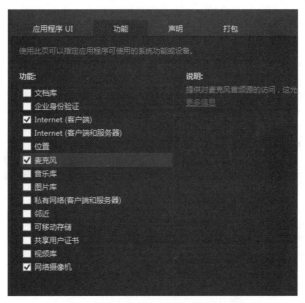

图 9-7　在程序中添加麦克风和网络摄像机功能

3 打开工程中的 MainPage.xaml 文件，利用以下代码替换 Grid 控件。

```
<Grid Background="{StaticResource ApplicationPageBackgroundThemeBrush}">
    <Button Content="获取图片" HorizontalAlignment="Left" Height="72" Margin="219,543,0,0"
VerticalAlignment="Top" Width="168" Click="captureImage"/>
    <Button Content="获取视频" HorizontalAlignment="Left" Height="72" Margin="879,543,0,0"
VerticalAlignment="Top" Width="189" Click="captureVideo"/>
    <Image Name="myImage" HorizontalAlignment="Left" Height="333" Margin="54,150,0,0"
VerticalAlignment="Top" Width="531"/>
    <MediaElement Name="myVideo" HorizontalAlignment="Left" Height="333" Margin="708,150,0,0"
VerticalAlignment="Top" Width="543"/>
</Grid>
```

如上面代码所示，在 Grid 控件中放置了两个按钮，分别用来获取图片和视频，另外还添加了一个 Image 和一个 MediaElement 控件，用来显示从摄像头采集到的图片和视频。

4 打开 MainPage.xaml.cs 文件，在文件中添加以下两个方法。

```
async private void captureImage(object sender, RoutedEventArgs e)
{
    CameraCaptureUI camera = new CameraCaptureUI();
    camera.PhotoSettings.CroppedAspectRatio = new Size(16, 9);
    StorageFile photo = await camera.CaptureFileAsync(CameraCaptureUIMode.Photo);

    if (photo != null)
    {
        BitmapImage bmp = new BitmapImage();
        IRandomAccessStream stream = await photo.OpenAsync(FileAccessMode.Read);
        bmp.SetSource(stream);
        myImage.Source = bmp;
        myImage.Visibility = Visibility.Visible;
    }
}
```

以及

```
async private void captureVideo(object sender, RoutedEventArgs e)
{
    CameraCaptureUI videocamera = new CameraCaptureUI();
    videocamera.VideoSettings.Format = CameraCaptureUIVideoFormat.Mp4;
    videocamera.VideoSettings.AllowTrimming = true;
    videocamera.VideoSettings.MaxDurationInSeconds = 30;
    videocamera.VideoSettings.MaxResolution = CameraCaptureUIMaxVideoResolution.HighestAvailable;
    StorageFile video = await videocamera.CaptureFileAsync(CameraCaptureUIMode.Video);
    if (video != null)
    {
        IRandomAccessStream stream = await video.OpenAsync(FileAccessMode.Read);
        myVideo.SetSource(stream, "video/mp4");
        myVideo.Visibility = Visibility.Visible;
    }
}
```

其中，第一个方法 captureImage 用来进行图片的采集，在这个方法中首先实例化了一个 CameraCaptureUI 类，然后通过 CroppedAspectRatio 属性设置采集图像的宽高比。接着调用 CaptureFileAsync 方法，并传入 CameraCaptureUIMode.Photo 参数，这样就能够开始采集图像了。在接下来的 if 语句中，将采集到的图片存储到输入流中，然后利用 BitmapImage 将图片显示到 myImage 控件中。

第二个方法 captureVideo 用来进行视频的采集，同样实例化了一个 CameraCaptureUI 类，并将采集视频的格式设置为 MP4，通过 AllowTrimming 参数指定用户是否可以调整录制的视频，设置为 true 则可以调整。MaxDurationInSeconds 属性表示视频最大支持长度，这里设置为 30 秒，并将最大分辨率 MaxResolution 属性设置为用户可以任意调整。然后调用 CaptureFileAsync 方法，并传入 CameraCaptureUIMode.Video 参数，启动视频的采集。最后，在 if 语句中将采集到的视频用 myVideo 控件进行播放。

运行程序，看看效果如何。启动程序，单击采集图片，如果该程序是首次启动摄像头，则会给出如图 9-8 所示画面，提示用户是否使用摄像头和麦克风。

图 9-8　请求获得用户的许可

单击【允许】按钮之后会启动摄像头，看到如图 9-9 所示画面。

图 9-9　摄像头启动后的画面

在图 9-9 中，有摄像头选项和计时器，用户可以在这里对摄像头进行相关配置。在画面中单击鼠标就可以采集图片，单击之后，会看到如图 9-10 所示画面。

图 9-10　采集图片

在图 9-10 中，可以对采集图片的大小进行裁剪，裁剪完成之后，单击【确定】按钮，就能在 MainPage 画面中看到刚刚采集到的图片了，如图 9-11 所示。

图 9-11　通过摄像头采集到的图片

通过摄像头采集视频的操作与图片类似，这里就不再进行演示了。

9.4　结束语

本章介绍了图片的变换、音频和视频的播放，以及如利用摄像头采集图片和视频。微软在多媒体方面提供了许多有用的 API，通过本章介绍的实例，读者可以对多媒体有一个很好的认识，如果要了解更多相关信息，可以查阅微软的官方文档。

下一章，将介绍 Windows 8 设备中地理位置和传感器的使用。

第 10 章 地理位置和传感器

近几年随着移动互联网的快速发展，基于地理位置服务的应用出现了井喷现象，特别是社交类、导航类等软件都依赖于位置服务。本章将介绍如何获取设备的地理位置。另外，还将介绍 Windows 8 设备中的传感器，包括罗盘、光传感器、加速度计、陀螺仪和倾斜仪。在程序中适当使用这些传感器，会增强对用户的友好程度，比如，利用光传感器获取设备周围环境的光源强度，进而对设备屏幕亮度进行调节，这对于阅读类程序非常棒。

下面就先来看看 Windows 8 中的地理位置。

10.1 地理位置

基于地理位置的服务离不开对设备当前位置的获取。在 Windows 8 中可以通过 Geolocator 类来获取位置相关信息。Geolocator 类在 Windows.Devices.Geolocation 名称空间中，通过 Geolocator 类获取到的地理位置被封装在 Geoposition 类中，该类有一个重要的属性 Coordinate，里面存储了包括经度、纬度和海拔等重要位置信息。

1）Coordinate 中的一些常用属性

- Longitude（经度）和 Latitude（纬度）：表示当前位置的经纬度值。
- Accuracy（精度）：表示位置的精度，以米为单位，是以经纬度为中心点的一个圆，如图 10-1 所示。

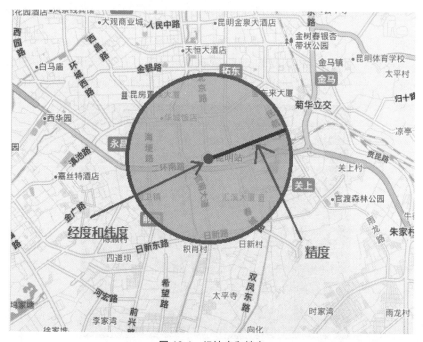

图 10-1 经纬度和精度

- Timestamp（时间戳）：读取到位置信息的实际时间值。
- Altitude（海拔）：设备的海拔高度，以米为单位。
- AltitudeAccuracy（海拔精度）：与 Accuracy 一样，只不过是表示海拔的精度。
- Heading（方向）：当前前进的方向，用相对于真北（true north）的度数表示。该属性只在适当的场景使用。
- Speed（速度）：从技术的角度上讲，可以通过跟踪维度/精度随时间的变化而计算得出，不过使用起来非常简单，可以直接获得这个速度值，以米/秒为单位。这是一个可选值，只有具有 GPS 传感器的设备才能获得。也就是说并不是所有的设备都能返回这个值。

2）获取地理位置的方法

在开发过程中，获取地理位置有两种方法。第一种是获取一次地理位置，例如在拍照时给图片加上地理位置信息，或者查询当前位置的周边信息时。获取一次地理位置只需要调用 Geolocator 的 GetGeopositionAsync 方法，该方法通过异步方式获取当前的位置，返回一个 Geoposition 类型对象。第二种则是持续地获取地理位置信息，一旦当前位置发生改变，就能收到相关位置信息，例如在进行导航时，需要不断获取地理位置来进行正确的路线导航。第二种方法通过注册监听 Geolocator 的 PositionChanged 事件即可，当位置发生改变时，系统就会触发 PositionChanged 事件。Geolocator 类还提供了另外一个事件 StatusChanged，通过该事件，可以实时获取位置功能发生改变的状态信息。

3）应用示例

接下来通过示例 GeoLocation 来介绍在 Windows 8 中地理位置的使用，另外在该示例中，还通过获取到的经纬度信息去查询对应的反向地理编码信息（地址查询），具体步骤如下。

★ 提示　在进行反向地理编码时，使用了谷歌的地理编码 API，更多相关信息可以查阅下面的链接：https://developers.google.com/maps/documentation/geocoding/?hl=zh-cn#ReverseGeocoding。

1 新建工程。利用 VS2012 新建一个空白工程，并命名为"GeoLocation"。

2 更新 manifest 文件。在获取地理位置信息之前，需要声明一个位置功能。打开 Package.appxmanifest 文件，导航到功能选项，勾选"位置"前面的复选框，如图 10-2 所示。

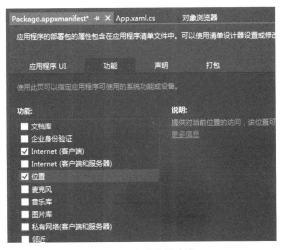

图 10-2　声明位置功能

3 界面设计。打开 MainPage.xaml 文件，利用以下代码替换 Grid 控件。

```
<Canvas Background="{StaticResource ApplicationPageBackgroundThemeBrush}">
    <TextBlock x:Name="LatitudeTitle" Text="纬度" HorizontalAlignment="Left" TextWrapping="Wrap"
VerticalAlignment="Top" Style="{StaticResource HeaderTextStyle}" Canvas.Left="43" Canvas.Top="39"/>
    <TextBlock x:Name="LatitudeValue" HorizontalAlignment="Left" TextWrapping="Wrap" Width="464"
VerticalAlignment="Top" Style="{StaticResource HeaderTextStyle}" Canvas.Left="229" Canvas.Top="31"/>
    <TextBlock x:Name="LongitudeTitle" Text="经度" HorizontalAlignment="Left" TextWrapping="Wrap"
VerticalAlignment="Top" Style="{StaticResource HeaderTextStyle}" Canvas.Left="44" Canvas.Top="147"/>
    <TextBlock x:Name="LongitudeValue" HorizontalAlignment="Left" TextWrapping="Wrap" Width="464"
VerticalAlignment="Top" Style="{StaticResource HeaderTextStyle}" Canvas.Left="232" Canvas.Top="137"/>
    <TextBlock x:Name="AccuracyTitle" Text="精度" HorizontalAlignment="Left" TextWrapping="Wrap"
VerticalAlignment="Top" Style="{StaticResource HeaderTextStyle}" Canvas.Left="43" Canvas.Top="250"/>
    <TextBlock x:Name="AccuracyValue" HorizontalAlignment="Left" TextWrapping="Wrap" Width="464"
VerticalAlignment="Top" Style="{StaticResource HeaderTextStyle}" Canvas.Left="231" Canvas.Top="248"/>
    <TextBlock x:Name="StatusTitle" Text="状态" HorizontalAlignment="Left" TextWrapping="Wrap"
VerticalAlignment="Top" Style="{StaticResource HeaderTextStyle}" Canvas.Left="44" Canvas.Top="349"/>
    <TextBlock x:Name="StatusValue" HorizontalAlignment="Left" TextWrapping="Wrap" Width="464"
VerticalAlignment="Top" Style="{StaticResource HeaderTextStyle}" Canvas.Left="234" Canvas.Top="353"/>
    <TextBlock x:Name="AltitudeTitle" Text="海拔" HorizontalAlignment="Left" TextWrapping="Wrap"
VerticalAlignment="Top" Style="{StaticResource HeaderTextStyle}" Canvas.Left="44" Canvas.Top="449"/>
    <TextBlock x:Name="AltitudeValue" HorizontalAlignment="Left" TextWrapping="Wrap" Width="464"
VerticalAlignment="Top" Style="{StaticResource HeaderTextStyle}" Canvas.Left="234" Canvas.Top="453"/>
    <TextBlock x:Name="SpeedTitle" Text="速度" HorizontalAlignment="Left" TextWrapping="Wrap"
VerticalAlignment="Top" Style="{StaticResource HeaderTextStyle}" Canvas.Left="44" Canvas.Top="553"/>
    <TextBlock x:Name="SpeedValue" HorizontalAlignment="Left" TextWrapping="Wrap" Width="464"
VerticalAlignment="Top" Style="{StaticResource HeaderTextStyle}" Canvas.Left="234" Canvas.Top="557"/>
    <TextBlock x:Name="HeadingTitle" Text="方向" HorizontalAlignment="Left" TextWrapping="Wrap"
VerticalAlignment="Top" Style="{StaticResource HeaderTextStyle}" Canvas.Left="44" Canvas.Top="661"/>
    <TextBlock x:Name="HeadingValue" HorizontalAlignment="Left" TextWrapping="Wrap" Width="464"
VerticalAlignment="Top" Style="{StaticResource HeaderTextStyle}" Canvas.Left="234" Canvas.Top="665"/>
    <TextBlock x:Name="TimestampTitle" Text="时间" HorizontalAlignment="Left" TextWrapping="Wrap"
VerticalAlignment="Top" Style="{StaticResource HeaderTextStyle}" Canvas.Left="620" Canvas.Top="33"/>
    <TextBlock x:Name="TimestampValue" HorizontalAlignment="Left" TextWrapping="Wrap" Width="715"
VerticalAlignment="Top" Style="{StaticResource HeaderTextStyle}" Canvas.Left="615" Canvas.Top="101"
Height="108"/>
    <TextBlock x:Name="GeoCodingTitle" Text="反向地理编码" HorizontalAlignment="Left"
TextWrapping="Wrap" VerticalAlignment="Top" Style="{StaticResource HeaderTextStyle}" Canvas.Left="620"
Canvas.Top="185"/>
    <TextBox x:Name="GeoCodingValue" Height="449" Canvas.Left="557" TextWrapping="Wrap"
Canvas.Top="261" Width="752"/>
    <ProgressRing x:Name="ring" Height="100" Canvas.Left="867" Canvas.Top="468" Width="123"/>
</Canvas>
```

如上面代码所示，在 Canvas 中添加了一些 TextBlock 控件、一个 TextBox 控件和一个 ProgressRing 控件。这些控件主要用来显示获取到的地理位置和方向地理编码信息。

4 获取一次地理位置。打开 MainPage.xaml.cs 文件，将以下代码添加到文件中。

```
async private void GetLocationDataOnce()
{
    Geolocator geoLocation = new Geolocator();
```

```
        Geoposition position = await geoLocation.GetGeopositionAsync();

        showData(position);

        geoCoding(position.Coordinate.Latitude, position.Coordinate.Longitude);
}
```

如上面代码所示，实现了 GetLocationDataOnce 方法，在方法中首先实例化了一个 Geolocator 对象，然后调用 GetGeopositionAsync 方法获取位置信息。一旦获取到地理位置，就调用 showData 方法，将获取到的 position 当做参数传递进去，该方法的作用是将相关信息显示到界面中。接着调用 geoCoding 方法，根据传入的经纬度获取当前地址信息。下面来看看这两个方法的具体实现。以下代码是 showData 方法的实现。

```
private void showData(Geoposition position)
{
        LatitudeValue.Text = position.Coordinate.Latitude.ToString();
        LongitudeValue.Text = position.Coordinate.Longitude.ToString();
        AccuracyValue.Text = position.Coordinate.Accuracy.ToString();

        TimestampValue.Text = position.Coordinate.Timestamp.ToString();

        if (position.Coordinate.Altitude != null)
            AltitudeValue.Text = position.Coordinate.Altitude.ToString()
                                    + "(+- " + position.Coordinate.AltitudeAccuracy.ToString() + ")";
        if (position.Coordinate.Heading != null)
            HeadingValue.Text = position.Coordinate.Heading.ToString();
        if (position.Coordinate.Speed != null)
            SpeedValue.Text = position.Coordinate.Speed.ToString();
}
```

如上面代码所示，通过传入的参数 position，将经纬度、精度和时间等位置信息显示到界面中。注意看上面的代码，所有相关信息都存储到 Coordinate 属性中。

下面是 geoCoding 方法的实现。

```
async void geoCoding(double latitude, double longitude)
{
    GeoCodingValue.Text = "反向地理编码请求中";
    ring.IsActive = true;
    try
    {
        HttpClient httpClient = new HttpClient();
        string url =
string.Format("http://maps.googleapis.com/maps/api/geocode/xml?latlng={0},{1}&language=zh-CN&sensor=true",
latitude.ToString(), longitude.ToString());
        HttpResponseMessage response = await httpClient.GetAsync(url);
        GeoCodingValue.Text = await response.Content.ReadAsStringAsync();
    }
    catch (HttpRequestException)
    {
        GeoCodingValue.Text = "http 请求异常";
```

```
}
catch (TaskCanceledException)
{
    GeoCodingValue.Text = "请求被取消";
}
finally
{
}
ring.IsActive = false;
}
```

如上面代码所示，根据经纬度信息，通过 HttpClient 请求谷歌的地理编码 API，并将获取到的地址信息显示到 GeoCodingValue 控件中。关于 HttpClient 的相关信息，可以参考本书第 7 章。

完成上面的编码之后，记得在 OnNavigatedTo 方法中调用 GetLocationDataOnce 方法。

此时运行程序，可以看到如图 10-3 所示界面。

图 10-3　通过 Geolocator 获取到的地理位置和相关反向地理编码

可以看出，通过 Geolocator 获取到了经纬度值，精度值，以及时间，另外还从网络中获得了该经纬度对应的地址信息。

★提示　笔者在获取地理位置时使用的是 WiFi，所以在图 10-3 中并没有获取到海拔、速度和方向属性。

在设备中第一次获取位置信息的时间会长一点，并且如果是第一次访问位置功能，系统会弹出如图 10-4 所示画面，请求用户授权位置功能的访问，此时只需要单击【允许】按钮即可。

图 10-4　程序请求用户授权访问位置功能

5 持续获取地理位置。本节开头介绍过如果要进行持续位置的获取，可以注册监听 Geolocator 的 PositionChanged 事件。还是在 MainPage.xaml.cs 文件中，将 OnNavigatedTo 方法按照如下修改。

```
Geolocator geoLocation;
protected override void OnNavigatedTo(NavigationEventArgs e)
{
    geoLocation = new Geolocator();
    geoLocation.PositionChanged += geoLocation_PositionChanged;
    geoLocation.StatusChanged += geoLocation_StatusChanged;
    //GetLocationDataOnce();
}
```

在上面的代码中，首先实例化了一个 Geolocator，然后注册了一个 PositionChanged 事件。另外还注册了 StatusChanged 事件。

接着实现 OnNavigatedFrom 方法。在这个方法中，取消 PositionChanged 和 StatusChanged 事件的监听，代码如下。

```
protected override void OnNavigatedFrom(NavigationEventArgs e)
{
    geoLocation.PositionChanged -= geoLocation_PositionChanged;
    geoLocation.StatusChanged -= geoLocation_StatusChanged;
}
```

★ 提 示　离开页面时做一些清除工作，是一种很好的编程习惯。

下面来实现这两个事件的处理方法，以下代码是 geoLocation_PositionChanged 方法的实现。

```
async void geoLocation_PositionChanged(Geolocator sender, PositionChangedEventArgs args)
{
    await Dispatcher.RunAsync(CoreDispatcherPriority.Normal, () =>
    {
        Geoposition position = args.Position;

        showData(position);

        geoCoding(position.Coordinate.Latitude, position.Coordinate.Longitude);
    }
    );
}
```

在上面代码中，使用了 Dispatcher.RunAsync 方法，该方法是让代码回到 UI 线程中执行——因为获取地理位置数据是通过后台线程完成的，而后台线程不能直接访问 UI，所以使用 Dispatcher 回到 UI 线程中进行 UI 界面的更新。如果直接操作 UI 界面，会出现异常。

以下代码是 geoLocation_StatusChanged 方法的实现。

```
async void geoLocation_StatusChanged(Geolocator sender, StatusChangedEventArgs args)
{
    await Dispatcher.RunAsync(CoreDispatcherPriority.Normal, () =>
    {
        StatusValue.Text = args.Status.ToString();
    });
}
```

在上面的代码中，同样使用了 Dispatcher.RunAsync 方法，并将当前位置功能的状态更新到 StatusValue 控件上。

至此代码就编写完毕了。如果此时运行程序，同样会获得与图 10-3 类似的结果。

4）使用模拟器模拟地理位置

为了测试持续位置的获取，可以利用模拟器提供的设置位置功能来不断修改当前能获取到的位置信息。首先启动设置位置：在模拟器右边的菜单栏中，选择设置位置菜单，如图 10-5 所示。

单击设置位置之后，会弹出如图 10-6 所示界面。

在图 10-6 中，可以输入经纬度、高度和误差信息。当单击【设置位置】按钮后，程序中就能接收位置改变的事件了。图 10-7 是设置了一个新的数据后获得的界面。

图 10-5 设置模拟器的位置

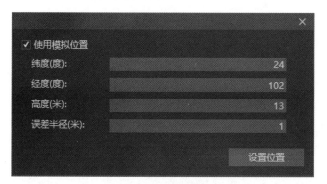

图 10-6 位置设置界面

图 10-7 利用模拟器改变地理位置

10.2 传感器

在 Windows 8 中，微软提供了许多访问传感器的 API，包括罗盘、光传感器、加速度计、陀螺仪和倾斜仪等，具体情况见表 10-1。

表 10-1 Windows 8 中传感器相关 API

传感器	访问的类	获取数据方法	数据类型
倾斜仪	Inclinometer	通过注册事件 ReadingChanged 获取	InclinometerReading
陀螺仪	Gyrometer		GyrometerReading
加速度计	Accelerometer		GyrometerReading
光传感器	LightSensor		LightSensorReading
罗盘	Compass		CompassReading

可以看出，所有传感器数据的获取都是通过注册一个名为 ReadingChanged 的事件实现的，当 ReadingChanged 事件发生时，表示获取到了新的传感器数据，根据表最右边的数据类型，就可以得到对应传感器的数据了。

下面是这些传感器的基本使用步骤。

1 获取一个默认的传感器。

2 注册 ReadingChanged 事件。

3 当传感器值改变时,读取数据。

由于上面这些传感器的使用方法基本相同,所以下面主要对加速度计和罗盘进行介绍。

10.2.1 加速度计

加速度计用来测量设备上 3 个轴(X、Y 和 Z)方向上的加速度。X 轴水平横穿设备,Y 轴垂直穿过设备,Z 轴从设备的前面穿到后面,如图 10-8 所示。图中的 3 个箭头朝向分别表示 3 个轴方向上的正值。

用简单的术语来说,加速度计是用来测量 3 个轴上的重力加速度的。因此,当我们把 Windows 8 设备正面朝上平放在桌子上时,可以获取到 Z 轴的值为–1,因为此时有一个"g"(一个单位的重力)施加于 Z 轴的负方向上。同样,如果我们把设备立起来,会获得 Y 轴的值为–1。

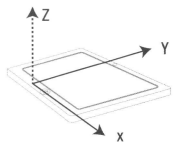

图 10-8　设备中 3 个轴的方向

下面通过示例 AccelerometerSensor 来介绍加速度计的使用。具体步骤如下。

1 利用 VS2012 新建一个空白工程,并命名为"AccelerometerSensor"。

2 打开 MainPage.xaml 文件,用以下代码替换 Grid 控件:

```
<Grid Background="{StaticResource ApplicationPageBackgroundThemeBrush}">
    <TextBlock FontSize="30" HorizontalAlignment="Left" Height="43" Margin="342,204,0,0"
TextWrapping="Wrap" Text="X 轴加速度:" VerticalAlignment="Top" Width="189"/>
    <TextBlock FontSize="30" HorizontalAlignment="Left" Height="43" Margin="342,281,0,0"
TextWrapping="Wrap" Text="Y 轴加速度:" VerticalAlignment="Top" Width="189"/>
    <TextBlock FontSize="30" HorizontalAlignment="Left" Height="43" Margin="342,353,0,0"
TextWrapping="Wrap" Text="Z 轴加速度:" VerticalAlignment="Top" Width="189"/>
    <TextBlock Name="XValue" FontSize="30" HorizontalAlignment="Left" Height="43" Margin="531,204,0,0"
TextWrapping="Wrap" Text="" VerticalAlignment="Top" Width="189"/>
    <TextBlock Name="YValue" FontSize="30" HorizontalAlignment="Left" Height="43" Margin="531,281,0,0"
TextWrapping="Wrap" Text="" VerticalAlignment="Top" Width="189"/>
    <TextBlock Name="ZValue" FontSize="30" HorizontalAlignment="Left" Height="43" Margin="531,353,0,0"
TextWrapping="Wrap" Text="" VerticalAlignment="Top" Width="189"/>
</Grid>
```

上面定义了几个 TextBlock 控件,用来显示从加速度计获取到的值。

3 打开 MainPage.xaml.cs 文件,重新实现 OnNavigatedTo 方法,代码如下。

```
Accelerometer accelerometer;
async protected override void OnNavigatedTo(NavigationEventArgs e)
{
    accelerometer = Accelerometer.GetDefault();
    if (accelerometer != null)
    {
        accelerometer.ReadingChanged += accelerometer_ReadingChanged;
    }
```

```
    else
    {
        MessageDialog dialog = new MessageDialog("没有找到加速度计！");
        await dialog.ShowAsync();
    }
}
```

如上面代码所示，首先获取一个 Accelerometer 对象，如果获取成功，就注册 ReadingChanged 事件。当有数据变化时，系统就会触发这个事件。

另外不要忘记离开页面时，将 ReadingChanged 事件取消注册。代码如下。

```
protected override void OnNavigatedFrom(NavigationEventArgs e)
{
    accelerometer.ReadingChanged -= accelerometer_ReadingChanged;
}
```

4 处理 ReadingChanged 事件。现在来实现 accelerometer_ReadingChanged 事件处理方法，代码如下：

```
async void accelerometer_ReadingChanged(Accelerometer sender, AccelerometerReadingChangedEventArgs args)
{
    await Dispatcher.RunAsync(CoreDispatcherPriority.Normal, () =>
            {
                XValue.Text = args.Reading.AccelerationX.ToString();
                YValue.Text = args.Reading.AccelerationY.ToString();
                ZValue.Text = args.Reading.AccelerationZ.ToString();
            });
}
```

在上面的代码中，由于数据的获取是在后台线程进行的，所以要更新 UI 界面的话，需调用 Dispatcher.RunAsync 方法回到 UI 线程中完成。

现在运行程序，可以看到如图 10-9 所示数据。

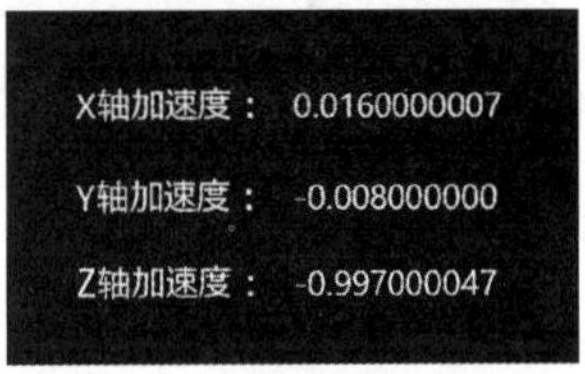

图 10-9 加速度计数据的获取

★提示 需要在有加速度计传感器的设备中获取加速度值，否则会提示"没有找到加速度计！"。

10.2.2 罗盘

通过罗盘传感器可以确定当前设备的方向（东、西、南和北）。图 10-10 是一个实物罗盘。

在 Windows 8 中，通过 Compass 类就能获取到罗盘相关数据。Compass 有两个重要属性：HeadingMagneticNorth（磁北）和 HeadingTrueNorth（真北），这两个属性的取值范围均为 0°～360°，0°表示朝向为北。

罗盘的使用方法与加速度计非常相似，下面通过示例 CompassSensor 来详细说明，步骤如下。

1 利用 VS2012 新建一个空白工程，并命名为"CompassSensor"。

2 打开 MainPage.xaml 文件，用下面的代码替换 Grid 控件。

图 10-10 罗盘

```xml
<Grid Background="{StaticResource ApplicationPageBackgroundThemeBrush}">
    <TextBlock Text="磁北:" FontSize="30" Height="42" Margin="222,73,1056,653"   />
    <TextBlock x:Name="MagneticNorth"   FontSize="30" Margin="315,62,679,653"/>
    <TextBlock Text="真北:" FontSize="30" Height="42" Margin="222,150,1056,576"   />
    <TextBlock x:Name="TrueNorth"    FontSize="30" Margin="315,140,679,575"/>
</Grid>
```

Grid 中的 TextBlock 用来显示从罗盘获取到的数据。

3 打开 MainPage.xaml.cs 文件，在文件中实现 OnNavigatedTo 方法。

```csharp
Compass c;
async protected override void OnNavigatedTo(NavigationEventArgs e)
{
    c = Compass.GetDefault();
    if (c != null)
    {
        c.ReadingChanged += c_ReadingChanged;
    }
    else
    {
        MessageDialog dialog = new MessageDialog("没有找到罗盘！");
        await dialog.ShowAsync();
    }
}
```

在上面的代码中，获取了一个默认的罗盘，如果不为 null 的话，就注册 ReadingChanged 事件。记得当离开页面的时候，在 OnNavigatingFrom 方法中取消事件的注册，代码如下。

```csharp
protected override void OnNavigatingFrom(NavigatingCancelEventArgs e)
{
    c.ReadingChanged -= c_ReadingChanged;
}
```

下面来实现 ReadingChanged 事件的处理方法 c_ReadingChanged，代码如下：

```csharp
async void c_ReadingChanged(Compass sender, CompassReadingChangedEventArgs args)
{
    await Dispatcher.RunAsync(CoreDispatcherPriority.Normal, () =>
    {
        MagneticNorth.Text = args.Reading.HeadingMagneticNorth.ToString();
        if (args.Reading.HeadingTrueNorth != null)
        {
            TrueNorth.Text = args.Reading.HeadingTrueNorth.ToString();
        }
    });
}
```

在上面的代码中，同样为了更新 UI 界面，需要调用 Dispatcher.RunAsync 方法回到 UI 线程完成。读取事件传递过来的参数 args 后，将其显示到界面中。

★ **提示** 有时候设备中并不会提供 HeadingTrueNorth 数据，所以在使用之前最好做一个判断。另外，为了稳定地获取到罗盘方向数据，建议使用 HeadingMagneticNorth 属性。

现在运行程序，可以看到图 10-11 获取到的罗盘数据。

图 10-11　获取到的罗盘数据

10.3　结束语

本章首先介绍了 Windows 8 中的地理位置，包括如何利用微软提供的 API 获取设备当前的地理位置数据，以及利用获取到的数据进行反向地理信息编码，以获得地址信息。然后以加速度计和罗盘为例介绍了 Windows 8 设备中传感器的使用方法，其实非常方便。

在移动互联网盛行的年代，地理位置和传感器是非常重要的硬件设备，可以利用地理位置信息来开发基于位置的服务（Location Based Service，LBS），或利用传感器，增强游戏的现实感。

下一章将介绍 Windows 商店应用程序开发中其他一些重要的技能。

第 11 章　其他重要技能

本章将介绍在开发 Windows 商店应用程序时其他一些重要的技能，包括如何使用特定程序打开文件，如何使用外部字体以及如何在程序中添加上下文菜单。

11.1　使用特定程序打开文件

在 Windows 8 中，有时候需要启动别的程序来打开某个文件，比如在程序中给出一个 PDF 格式的文件，为了查看该文件的内容，不用自己开发一个复杂的 PDF 阅读器，只需要调用系统中已有的 PDF 阅读器就可以了。或者有时候需要通过浏览器打开某个链接，这时候可以通过 Windows.System.Launcher 来实现。下面就通过示例 LauncherFile 来介绍如何打开文件或者链接。具体步骤如下。

1 利用 VS2012 新建一个空白工程，并命名为"LauncherFile"。

2 打开 MainPage.xaml 文件，利用以下代码替换 Grid 控件。

```
<Grid Background="{StaticResource ApplicationPageBackgroundThemeBrush}">
    <StackPanel>
        <Button Click="DefaultLaunch">使用默认程序打开文件</Button>
        <Button Click="DisplayApplicationPicker">显示程序列表打开文件</Button>
        <Button Click="RecommendedApp">商店搜索程序打开文件</Button>
        <Button Width="181" Click="OpenURL">打开 URL 链接</Button>
    </StackPanel>
</Grid>
```

上面代码中添加了 4 个 Button，分别用不同的模式打开文件和 URL。

3 实现 4 个 Button 对应的方法。打开 MainPage.xaml.cs 文件，首先实现使用默认程序打开文件，代码如下。

```
async private void DefaultLaunch(object sender, RoutedEventArgs e)
{
    // 获取要打开的文件
    var file = await Windows.ApplicationModel.Package.Current.InstalledLocation.GetFileAsync("Gof.pdf");

    // 打开文件
    var success = await Windows.System.Launcher.LaunchFileAsync(file);
}
```

在上面的代码中通过 Windows.System.Launcher.LaunchFileAsync 方法利用默认程序打开文件。

★ **提　示**　笔者在工程中放了一个名为 Gof.pdf 的文件，并将该文件的生成操作设置为内容以及始终复制。

下面来看看如何显示程序列表，让用户选择其中一个程序来打开文件。代码如下。

```
async private void DisplayApplicationPicker(object sender, RoutedEventArgs e)
{
    // 获取要打开的文件
    var file = await Windows.ApplicationModel.Package.Current.InstalledLocation.GetFileAsync("Gof.pdf");

    // 设置显示程序列表
    var options = new Windows.System.LauncherOptions();
    options.DisplayApplicationPicker = true;

    // 打开文件
    bool success = await Windows.System.Launcher.LaunchFileAsync(file, options);
}
```

在上面的代码中，把 LauncherOptions 的属性 Display ApplicationPicker 设置为 true 就可以显示程序列表了。运行上面的代码可以看到如图 11-1 所示结果，选中一个程序就能打开文件。

★**提 示** 在程序列表中出现的程序是可以按指定文件格式打开的程序。

下面再来看看如何打开一个 URL，代码非常简单，如下所示：

图 11-1　通过程序列表打开文件

```
async private void OpenURL(object sender, RoutedEventArgs e)
{
    // 实例化一个 Uri 对象
    var uri = new Uri("http://BeyondVincent.com");

    // 打开 Uri
    var success = await Windows.System.Launcher.LaunchUriAsync(uri);
}
```

在上面的代码中，只需要调用 LaunchUriAsync 方法就能使用默认的浏览器打开一个指定的 URL。

11.2　使用外部字体

在我们写程序时，有时候为了界面文字效果美观好看，需要使用第三方字体库，而不是使用系统自带的字体。本节就来学习如何在 Windows 商店应用程序中使用第三方字体库。具体步骤如下。

1 利用 VS2012 新建一个空白工程,并命名为"UseFont"。

2 在工程中添加需要使用的字体库文件，并在字体库文件的属性中将"复制到输出目录"设置为"始终复制"，"生成操作"设置为"内容"。在此处的 UseFont 中使用的是博洋规范字 3500 字体库，最终设置效果如图 11-2 所示。

3 使用字体库。打开 MainPage.xaml 文件，用以下代码

图 11-2　在工程中添加字体库文件

替换 Grid 控件：

```xml
<Grid Background="{StaticResource ApplicationPageBackgroundThemeBrush}">
    <TextBlock Name="fontTest" FontFamily="Fonts/博洋规范字 3500.TTF#HAKUYOGuiFanZi3500" Text="博洋规范字 3500 字体库使用" FontSize="50" Margin="91,0,-91,0" ></TextBlock>
    <TextBlock FontFamily="Fonts/博洋规范字 3500.TTF#HAKUYOGuiFanZi3500" Text="博洋规范字 3500 字体库使用" FontSize="30" Margin="91,85,-91,-85" ></TextBlock>
    <TextBlock    FontFamily="Fonts/博洋规范字 3500.TTF#HAKUYOGuiFanZi3500" Text="博洋规范字 3500 字体库使用" FontSize="20" Margin="91,176,-91,-176" ></TextBlock>
</Grid>
```

可以看出，在 xaml 文件中直接使用第三方字体库文件，只需要将 FontFamily 属性设置为某个字体库即可。上面字体库的设置格式为：

Fonts/博洋规范字 3500.TTF#HAKUYOGuiFanZi3500

该格式被 "#" 分为两部分："#" 前面的为字体文件名，"#" 后面的是字体的真正名称。

也可以通过代码设置字体库的使用，如下所示。

```
FontFamily fontFamily = new FontFamily(@"Fonts/博洋规范字 3500.TTF#HAKUYOGuiFanZi3500");
fontTest.FontFamily = fontFamily;
```

实例化一个 FontFamily 对象，然后复制给控件的 FontFamily 属性即可。

★ 提 示　双击打开字体库文件，就可以看到字体名称了，如图 11-3 所示。

运行程序，可以看到使用博洋规范字 3500 字体库的效果，如图 11-4 所示。

图 11-3　查看字体名称　　　　　　　图 11-4　使用第三方字体库效果

11.3　上下文菜单

在 Windows 8 中，当我们使用阅读器查看 PDF 文件时，如果选中某些文字，然后单击右键，会弹出一个上下文菜单，通过该菜单可以对选中的文字进行操作，如图 11-5 所示。

上下文菜单可以通过 PopupMenu 实现。下面就通过示例 ContextMenu 介绍如何在程序中添加上下文菜单，并将上下文菜单显示在指定的位置。具体步骤如下。

1 利用 VS2012 新建一个空白工程，并命名为 "ContextMenu"。

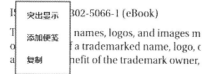

图 11-5　阅读器中显示的上下文菜单

2 打开 MainPage.xaml 文件，用下面代码替换 Grid 控件。

```
<Grid Background="{StaticResource ApplicationPageBackgroundThemeBrush}">
    <Image Height="256" VerticalAlignment="Top" Width="338" Source="1.jpg"
RightTapped="ShowImagePopupMenu"/>
</Grid>
```

如上面代码所示，在 Grid 控件中添加了一个 Image 控件，并将 RightTapped 指向了 ShowImagePopupMenu 方法，当右键单击图片时，就会调用该方法。该方法负责上下文菜单的显示。

3 显示上下文菜单。打开 MainPage.xaml.cs 文件，在此利用 PopupMenu 显示上下文菜单。ShowImagePopupMenu 方法的实现，代码如下。

```
async    private void ShowImagePopupMenu(object sender, RightTappedRoutedEventArgs e)
{
    PopupMenu menu = new PopupMenu();
    menu.Commands.Add(new UICommand("分享到", async (command) =>
    {
        MessageDialog md = new MessageDialog(command.Label);
        await md.ShowAsync();
    }));
    menu.Commands.Add(new UICommand("另存为", async (command) =>
    {
        MessageDialog md = new MessageDialog(command.Label);
        await md.ShowAsync();
    }));
    menu.Commands.Add(new UICommand("编辑", async (command) =>
    {
        MessageDialog md = new MessageDialog(command.Label);
        await md.ShowAsync();
    }));
    menu.Commands.Add(new UICommandSeparator());
    menu.Commands.Add(new UICommand("打印", async (command) =>
    {
        MessageDialog md = new MessageDialog(command.Label);
        await md.ShowAsync();
    }));
    menu.Commands.Add(new UICommand("全屏", async (command) =>
    {
        MessageDialog md = new MessageDialog(command.Label);
        await md.ShowAsync();
    }));
    var chosenCommand = await menu.ShowForSelectionAsync(GetElementRect((FrameworkElement)sender));
}
```

在上面的代码中，首先实例化一个 PopupMenu，然后利用 Commands 的 Add 方法添加具体的菜单命令。在菜单命令中用到了 lambda 表达式，在单击某个菜单时会调用对应的 lambda 表达式。注意看上面的代码中，有下面一行代码。

```
menu.Commands.Add(new UICommandSeparator());
```

这行代码表示在上下文菜单中添加一个命令分隔符，用来划分不同的菜单命令。

★ 提 示　上下文菜单最多只能添加 6 个命令（包括命令分隔符），如果超过了 6 个，运行的时候会出现异常。

添加完菜单命令之后，调用 ShowForSelectionAsync 方法就可以将上下文菜单显示出来，该方法接收一个 Rect 类型的参数，该参数决定上下文菜单显示在界面中的位置。上面的代码还调用了 GetElementRect 方法，用来返回某个 Element 的矩形范围，具体实现如下：

```
public static Rect GetElementRect(FrameworkElement element)
{
    GeneralTransform buttonTransform = element.TransformToVisual(null);
    Point point = buttonTransform.TransformPoint(new Point());
    return new Rect(point, new Size(element.ActualWidth, element.ActualHeight));
}
```

下面来运行程序看看效果如何。程序启动到主画面之后，在图片上右键单击，可以看到在图片下方显示出上下文菜单，如图 11-6 所示。

图 11-6　程序中显示出上下文菜单

11.4　获取与设置锁屏背景图片

用户经常会有这样的需求：在程序中看到某个图片时，希望将图片直接设置为锁屏背景图片，而不用先将图片保存到本机，再设置为锁屏背景图片。本节就来介绍如何获取锁屏背景图片，并将本地图片或网络中的图片设置为锁屏背景图片。

在 Windows 8 中，可以通过编程的方式来修改锁屏背景图片。微软在“Windows.System.UserProfile”名称空间里面提供了与锁屏交互的 APIs——LockScreen 类，该类的定义代码如下。

```
using System;
using Windows.Foundation;
using Windows.Foundation.Metadata;
```

```
using Windows.Storage;
using Windows.Storage.Streams;

namespace Windows.System.UserProfile
{
    public static class LockScreen
    {
        public static Uri OriginalImageFile { get; }
        public static IRandomAccessStream GetImageStream();
        public static IAsyncAction SetImageFileAsync(IStorageFile value);
        public static IAsyncAction SetImageStreamAsync(IRandomAccessStream value);
    }
}
```

上面的代码中定义了 4 个方法，具体如下。

- OriginalImageFile：实际上这是一个属性，表示锁屏背景图片的 Uri。如果是以流的方式设置锁屏背景，该值为 null。
- GetImageStream：以流的方式获取锁屏背景图片。
- SetImageFileAsync：从文件中设置锁屏背景图片。
- SetImageStreamAsync：从流中设置锁屏背景图片。

这 4 个方法都是 static 的，也就是类方法，可以直接访问，不用实例化 LockScreen。

★ 提示 如果是普通用户的话，可以通过"Charms Bar→设置→更改电脑设置→个性化设置→选择锁屏背景图片"完成。

下面就通过示例 ChangeLockScreen 来介绍如何获取和设置锁屏背景图片。该示例演示了上面提到的 4 个方法的具体运用。步骤如下。

1 新建工程。打开 Visual Studio 2012 For Windows 8，新建一个空白工程，命名为"ChangeLockScreen"，如图 11-7 所示。

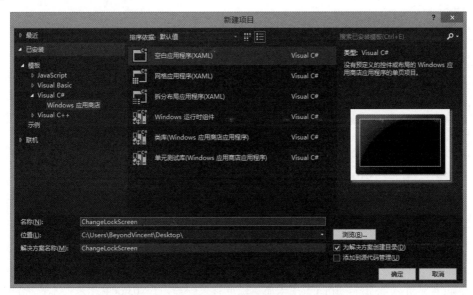

图 11-7 新建工程

2 界面设计。打开 MainPage.xaml 文件，并利用下面代码替换 Grid。

```
<Grid Background="{StaticResource ApplicationPageBackgroundThemeBrush}">
    <StackPanel HorizontalAlignment="Left" Margin="0,139,0,0">
        <Button Content="获取锁屏背景图片 Uri"
            FontSize="30"
            HorizontalAlignment="Center"
            Height="101"
            Width="500"
            VerticalAlignment="Center"
            Click="getUri_LockScreen_Click"/>
        <Button Content="流的方式获取锁屏背景图片"
            FontSize="30"
            HorizontalAlignment="Center"
            Height="101"
            Width="500"
            VerticalAlignment="Center"
            Click="getStream_LockScreen_Click"/>
        <Button Content="以文件的方式设置锁屏背景图片"
            FontSize="30"
            HorizontalAlignment="Center"
            Height="101"
            Width="500"
            VerticalAlignment="Center"
            Click="setFile_LockScreen_Click"/>
        <Button Content="以流的方式设置锁屏背景图片"
            FontSize="30"
            HorizontalAlignment="Center"
            Height="101"
            Width="500"
            VerticalAlignment="Center"
            Click="setStream_LockScreen_Click" />
    </StackPanel>
    <Image Name="imageview"
            HorizontalAlignment="Left"
            VerticalAlignment="Top"
            Height="298"
            Margin="545,219,0,0"
            Width="500"/>
    <TextBlock Name="screenImageUri"
            HorizontalAlignment="Left"
            VerticalAlignment="Top"
            Height="22"
            Margin="505,179,0,0"
            TextWrapping="Wrap"
            Text=""
            Width="500"/>
</Grid>
```

在上面的代码中，定义了 4 个 Button，1 个 Image 和 1 个 TextBlock。其中，4 个 Button 分别用来获取和设置锁屏背景图片，Image 用来显示锁屏背景图片，TextBlock 用来显示锁屏背景图片的 Uri。界面效果如图 11-8 所示。

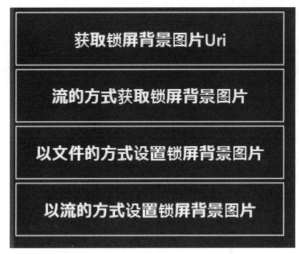

图 11-8　界面设计效果

3 后端代码的实现。打开 MainPage.xaml.cs 文件，分别实现 4 个 Button 对应的 Click 事件。
具体过程如下。

① 实现 getUri_LockScreen_Click 方法。在该方法中，通过 LockScreen 的 OriginalImageFile
属性获取锁屏背景图片的 Uri，并将该 Uri 显示到界面中。代码如下。

```
private void getUri_LockScreen_Click(object sender, RoutedEventArgs e)
{
    Uri uri = LockScreen.OriginalImageFile;
    if (uri != null)
    {
        screenImageUri.Text = uri.ToString();
    }
}
```

⭐ **提 示** 在上面的代码中，如果锁屏背景是以流的方式设置，uri 为 null，所以需要对获取到的 uri 进行 null
判断，以避免执行 uri.ToString()出现异常错误。

② 实现 getStream_LockScreen_Click 方法。在该方法中，通过 LockScreen 的 GetImageStream
方法以流的方式获取锁屏背景图片。代码如下。

```
private void getStream_LockScreen_Click(object sender, RoutedEventArgs e)
{
    IRandomAccessStream randomAccessStream = LockScreen.GetImageStream();
    BitmapImage image = new BitmapImage();
    image.SetSource(randomAccessStream);
    imageview.Source = image;
}
```

在上面的代码中，用 GetImageStream 方法获取到的图片初始化 BitmapImage，并显示在界面的
imageView 控件上。

③ 实现 setFile_LockScreen_Click 方法。在该方法中，通过 LockScreen 的方法将图片文件设置
为锁屏背景图片。代码如下。

```
private async void setFile_LockScreen_Click(object sender, RoutedEventArgs e)
{
    var imagePicker = new FileOpenPicker
    {
        ViewMode = PickerViewMode.Thumbnail,
        SuggestedStartLocation = PickerLocationId.PicturesLibrary,
        FileTypeFilter = { ".jpg", ".jpeg", ".png", ".bmp" },
    };

    var MyImage = await imagePicker.PickSingleFileAsync();
    if (MyImage != null)
    {
        await LockScreen.SetImageFileAsync(MyImage);
    }
}
```

在上面的代码中，首先利用一个文件打开选取器，获取一个图片，然后利用 SetImageFileAsync 方法来设置锁屏背景图片。

④ 实现 setStream_LockScreen_Click 方法。在该方法中，通过 LockScreen 的 SetImageStream-Async 方法将一个图片流设置为锁屏背景图片。代码如下。

```
private async void setStream_LockScreen_Click(object sender, RoutedEventArgs e)
{
    // 从网络中下载图片
    HttpClient httpClient = new HttpClient();
    httpClient.BaseAddress = new
Uri("http://beyondvincent.com/wp-content/uploads/2013/06/change_lock_screen.png");
    HttpRequestMessage request = new HttpRequestMessage();
    HttpResponseMessage response = await httpClient.SendAsync(request,
HttpCompletionOption.ResponseHeadersRead);

    InMemoryRandomAccessStream randomAccessStream = new InMemoryRandomAccessStream();
    DataWriter writer = new DataWriter(randomAccessStream.GetOutputStreamAt(0));
    writer.WriteBytes(await response.Content.ReadAsByteArrayAsync());
    await writer.StoreAsync();

    // 将下载的图片显示到界面中
    BitmapImage image = new BitmapImage();
    image.SetSource(randomAccessStream);
    imageview.Source = image;

    // 将下载的图片设置为锁屏背景图片
    await LockScreen.SetImageStreamAsync(randomAccessStream);
}
```

在上面的代码中，首先从网络中下载一个图片流，然后将下载的图片流显示到程序界面中，最后利用 SetImageStreamAsync 方法将该图片流设置为锁屏背景图片。

4 编译并运行程序，然后分别单击【获取锁屏背景图片 Uri】和【流的方式获取锁屏背景图片】两个按钮，可以看到如图 11-9 所示界面。

图 11-9　获取锁屏背景图片

如果单击【以流的方式设置锁屏背景图片】按钮，可以看到程序界面如图 11-10 所示。

图 11-10　以流的方式设置锁屏背景图片

此时，如果切换到 Windows 8 锁屏界面，可以看到如图 11-11 所示界面。

图 11-11　成功设置了锁屏背景图片

11.5　结束语

本章介绍了 Windows 商店应用开发中其他几种常用的技能，包括：使用特定程序打开文件、使用外部字体和上下文菜单。在开发中会经常用到这些技能，特别是在适当的地方使用上下文菜单，会为用户的操作带来明显便利。

下一章，将介绍如何提交应用程序到商店。

第 12 章　应用程序的发布

开发 Windows 商店应用程序的目的就是将程序发布到商店中供用户下载，并获取回报。本章就来介绍 Windows 应用商店，以及如何将开发好的应用程序发布到商店中。

12.1　Windows 应用商店

微软在 Windows 8 中引入了 Windows 应用商店，所有的 Windows 商店应用程序都需要通过 Windows 应用商店进行发布。用户也需要通过 Windows 应用商店来下载程序。图 12-1 是应用商店的主界面，在商店中，用户可以根据应用的分类进行查找并下载。

图 12-1　Windows 应用商店主界面

12.2　申请一个开发者账户

开发者将程序发布到商店之前，首先需要有一个开发者账户。下面是开发者账户申请的详细步骤。

1 注册一个微软账号。用浏览器打开 https://signup.live.com，此时会显示一个注册界面，如图 12-2 所示。

按照图中的提示输入个人信息，并单击页面底部的【接受】按钮后，微软会向申请者在图 12-2 中填写的邮件地址发送一封验证邮件，打开邮件，单击验证选项即可完成微软账号的注册，如图 12-3 所示。

图 12-2　微软账号的注册界面

图 12-3　邮件地址验证

★ **提 示**　开发者账户的申请需要通过微软账号进行。如果读者已经有微软账号了，则可以跳过这一步，直接从第 2 步开始。

2 登录微软账号。微软在 Visual Studio 2012 中提供了一个方便开发者登录账号的入口：打开 Visual Studio 2012，单击"应用商店"中的"打开开发人员账户"选项，如图 12-4 所示。

单击"打开开发人员账户"选项之后，会跳转到浏览器中，如图 12-5 所示。

图 12-4　开始申请开发者账户

图 12-5　申请开发者账户

单击【立即注册】按钮，会跳转到如图 12-6 所示界面，输入第 1 步申请的账号和密码，然后单击【登录】按钮。

登录成功后，会跳转到如图 12-7 所示主画面。

图 12-6　登录微软账号

图 12-7　微软账号登录成功后的主画面

3 选择国家/地区和账户类型。在微软账号登录成功后跳转到的主画面中，打开国家/地区下拉列表，选中中国，如图 12-8 所示。可以看到，能够注册的账户类型有两种：个人和公司。这里我们以个人名义进行注册。所以，选中中国之后，单击个人下面的【立即注册】按钮。

★ 提 示　如果注册公司账户类型，提供的信息要比个人账户多，只需要按照申请步骤进行操作即可。

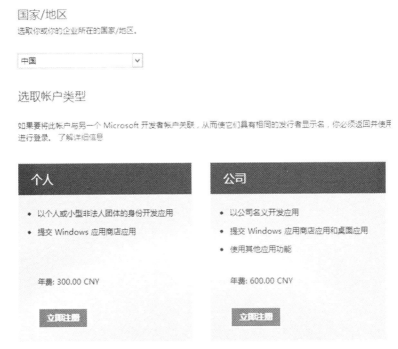

图 12-8　选择国家/地区和账户类型

4 填写账户信息。在步骤 3 中单击个人下的【立即注册】按钮之后，会看到账户信息界面，如图 12-9 所示。按照规定填写相关的账户信息，然后单击页面底部的【下一步】按钮。

图 12-9　填写账户信息

5 接受"应用开发者协议"的条款和条件。步骤 4 完成之后，会看到如图 12-10 所示界面。勾选"我接受'应用开发者协议'的条款和条件"，然后单击【下一步】按钮。

应用开发者协议中包括你与 Microsoft Corporation 之间关系的条款，因为该协议与你的 Windows 应用商店和仪表板的使用情况有关。
查看适合打印的版本

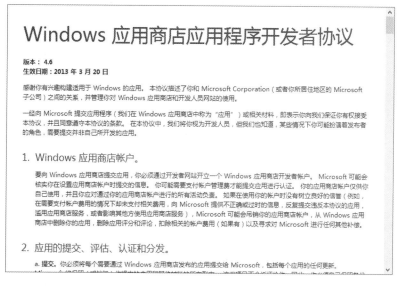

☑ 我接受"应用开发者协议"的条款和条件。

图 12-10 接受"应用开发者协议"的条款和条件

6 价格确认。步骤 5 完成之后，可以看到如图 12-11 所示的价格确认界面。如果有注册码则输入注册码，然后单击【更新总额】按钮，如果没有的话，直接单击【下一步】按钮即可。

Windows 应用商店开发者注册　　　300.00 CNY

注册码　［　　　　　］　❓
　　　　　更新总额

可能适用额外的税费。

　　　总额　300.00 CNY

你的注册包括：
* 你的 Windows 应用商店开发者帐户
* 对 Windows 应用商店仪表板的访问权限
* 在 Windows 应用商店中发布应用的权限
* 与 Windows 应用商店中你的应用相关的详细信息
* 每年自动续订（仅限付费订阅）
* 每年两次技术支持帮助（仅限 Windows 应用商店付费帐户）

上一步　下一步

图 12-11 价格确认

7 微软账号再次验证。完成步骤 6 之后，为了完全考虑，微软会要求再次进行密码验证，如图 12-12 所示，直接输入第 1 步中申请的微软账号密码，然后单击【登录】按钮即可。

8 填写付款信息。完成步骤 7 操作之后，会要求填写付款信息，如图 12-13 所示。按照页面中的提示，填入相关信息之后，单击【下一步】按钮。

| 图 12-12　再次验证密码 | 图 12-13　填写付款信息 |

9 确认购买。完成步骤 8 中的操作之后，可以看到购买界面，确认购买信息无误，单击【购买】按钮即可完成开发者账户的申请。

12.3　准备提交应用程序

当我们的程序开发完毕之后，就需要将其提交到 Windows 应用商店中，只是在提交之前，还需要做一些准备工作，包括保留应用程序名称和创建应用程序包。下面先来看看如何保留应用程序名称。

12.3.1　保留应用程序名称

保留应用程序名称即保留在 Windows 应用商店中列出应用时使用的名称。即使开发者还没有完成程序的开发，也可以预先保留一个应用程序名称。当程序开发完毕之后，可以将其作为应用程序的名称。保留的应用程序名称有效期为 1 年，如果在 1 年之内，还没有提交与该名称对应的程序，微软将收回该名称。

★ 提 示　程序中文件 Package.appxmanifest 的显示名称必须与这个保留的名称相同。

保留应用程序名称的操作步骤如下。

1 打开保留应用程序名称界面。通过单击 VisualStudio2012 应用商店菜单中的"保留应用程序名称"选项，可以直接跳转到保留应用程序名称界面，如图 12-14 所示。

单击"保留应用程序名称"之后，如果还没有登录微软账号，则首先进行登录，登录之后，可以看到如图 12-15 所示的提交应用界面。

图中列出了提交应用程序需要历经的一些步骤，保留应用程序名称只需要完成第一步即可。其他步骤将在提交应用程序时进行操作，具体会在 12.4 节进行详细介绍。

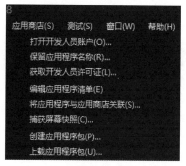

图 12-14 打开 VisualStudio2012
应用商店菜单

图 12-15 提交应用界面

2 填写保留应用名称。单击图 12-15 中的"应用名称"选项，可以看到如图 12-16 所示界面。

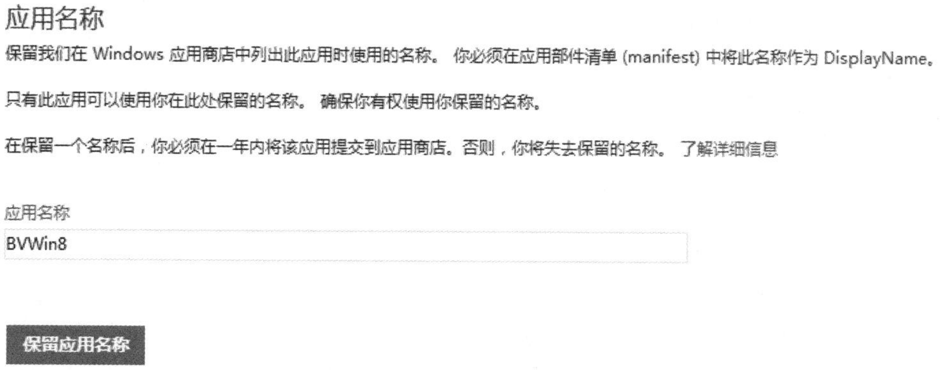

应用名称

保留我们在 Windows 应用商店中列出此应用时使用的名称。 你必须在应用部件清单 (manifest) 中将此名称作为 DisplayName。

只有此应用可以使用你在此处保留的名称。 确保你有权使用你保留的名称。

在保留一个名称后，你必须在一年内将该应用提交到应用商店。否则，你将失去保留的名称。 了解详细信息

应用名称

BVWin8

保留应用名称

图 12-16 输入应用名称

在图中输入应用名称，然后单击【保留应用名称】按钮，过一会，会看到如图 12-17 所示的确认界面。

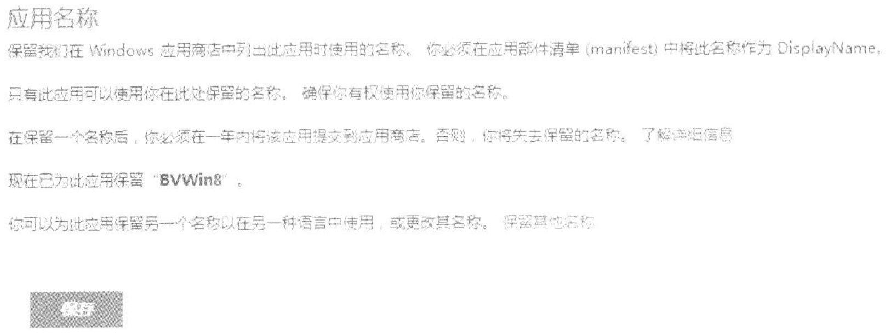
应用名称
保留我们在 Windows 应用商店中列出此应用时使用的名称。你必须在应用部件清单 (manifest) 中将此名称作为 DisplayName。
只有此应用可以使用你在此处保留的名称。确保你有权使用你保留的名称。
在保留一个名称后，你必须在一年内将该应用提交到应用商店。否则，你将失去保留的名称。了解详细信息
现在已为此应用保留“BVWin8”。
你可以为此应用保留另一个名称以在另一种语言中使用，或更改其名称。保留其他名称
保存

图 12-17　保留应用名称确认界面

单击【保存】按钮之后，可以看到如图 12-18 所示界面。

应用名称
销售详情
高级功能
年龄段分级
加密
程序包
提要
测试人员注意事项
新闻
新 Windows ACK
强力证据设置
避免常见证书错误
让你的应用走向全球
完成
应用名称
你保留了一个应用名称。
你也可以为应用保留另一个名称以便在其他语言中使用，或者更改应用名称。
了解更多信息
5 分钟
销售详情
选取应用价格、列表类别以及要在哪些地方销售该应用。
了解更多信息
5 分钟
高级功能
配置推送通知和 Live 服务，并定义应用内付费内容。
了解更多信息

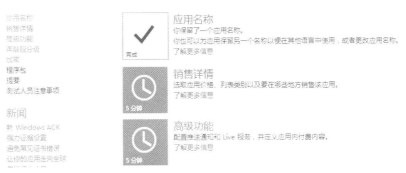

图 12-18　完成应用程序名称的保留

可以看到，“应用名称”选项前面有一个黑色的勾，并在左下角显示“完成”，表示保留应用程序名称已经成功。

3 查看保留应用程序名称的状态。此时如果切换到仪表板，可以看到如图 12-19 所示界面，显示了刚刚保留的应用程序名称，状态为“处理中的应用”。由于还没有完成后续操作，所以会显示“不完整”。不过请放心，应用程序的名称已经保留成功了。在后续的提交应用程序过程中，只需要单击【编辑】按钮即可进行。

主页
仪表板
文档
示例
下载
支持
社区
我的应用
仪表板
提交应用
浏览应用商店趋势
财务摘要
配置文件
帐户
付款
税务
订阅
新闻
新 Windows ACK
强力证据设置
避免常见证书错误
你需要先对付款方式进行验证，然后我们才能在应用商店中列出你的应用。
处理中的应用
BVWin8
不完整
版本 1
2013/5/23
删除
编辑

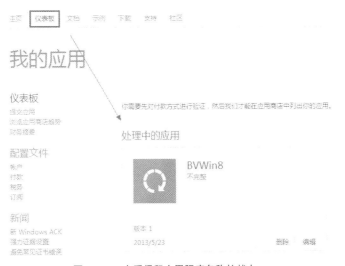

图 12-19　查看保留应用程序名称的状态

★ **提 示**　如果对当前保留的应用程序名称不满意，还可以通过单击【删除】按钮，将这个名称删除掉。

12.3.2　创建应用程序包

当开发者完成应用程序的开发后，不能直接提交程序到商店中进行销售，还需要创建应用程序包，并利用 Windows 8 自带的 Windows App Cer Kit 工具对程序包进行验证。下面就来介绍如何创建一个应用程序包，并进行验证。

1）创建应用程序包

1 打开工程并启动程序包的创建。利用 VisualStudio 2012 打开工程文件，然后选择菜单"应用商店"中的"创建应用程序包"。此时，会弹出如图 12-20 所示的对话框。

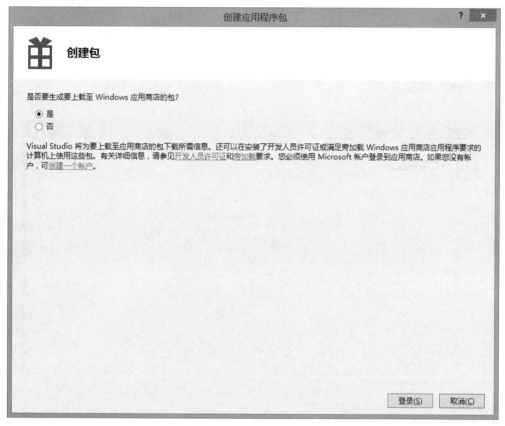

图 12-20　创建应用程序包

2 登录微软账户。在如图 12-20 所示的对话框中，选择"是"选项，然后单击【登录】按钮，此时会弹出登录微软账户的界面，如图 12-21 所示。

输入微软账户和密码，然后单击【登录】按钮，登录成功之后，会自动返回创建应用程序包对话框，并自动加载保留的名称，提示开发者进行选择，如图 12-22 所示。

3 选择应用名称并进行相关配置。在图 12-22 中，选中保留名称 BVWin8，然后单击【下一步】按钮，会提示选择和配置包。如图 12-23 所示。可以设置程序的版本，选择要创建的包以及解决方案配置映射。在此，使用默认的设置。直接单击【创建】按钮即可。

图 12-21　登录微软账户　　　　　　　图 12-22　选择应用程序名称

图 12-23　设置程序的版本并选择要创建的包以及解决方案配置映射

4 应用程序包创建完毕。单击【创建】按钮之后，VisualStudio 2012 就开始创建程序包了，过一段时间，创建成功之后，会弹出如图 12-24 所示界面。

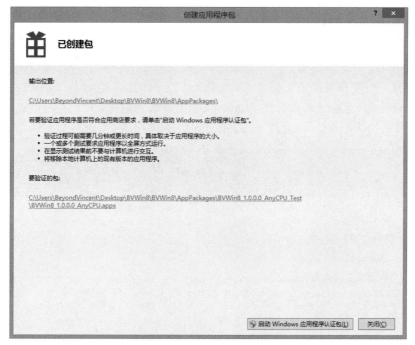

图 12-24　应用程序包创建成功

从图 12-24 中，可以看到创建的程序包所在的位置，以及验证应用程序的相关信息。至此，应用程序包就创建完毕了。下面来看看如何对这个程序包进行验证。

2）验证应用程序包

微软建议在将程序提交到商店之前，先对程序包进行初步验证，通过验证，不仅可以使程序更加顺利地通过商店的审核，还可以及早发现并解决程序中的问题，节约宝贵的开发时间。验证应用程序包的步骤如下。

1 在图 12-24 中，单击【启动 Windows 应用程序认证包】选项，会启动 WACK（WindowsApp CertificationKit）对程序包进行验证，如图 12-25 所示。

图 12-25　启动 WACK 对程序包进行验证

★ 提 示　程序包的整个验证过程都是自动进行的，开发者不需要做任何操作。在验证过程中，会多次自动打开我们的应用程序，为保证验证结果的准确性，请不要与自动打开的应用程序做任何交互。

2 验证结果。当程序包验证完毕之后，如果一切正确的话，会显示如图 12-26 所示界面，表示程序验证通过，并且会给出提交到 Windows 应用商店的链接。开发者可以点击这个链接，进行程序包的提交，当然，也可以通过 VisualStudio 2012 进行提交，这将在 12.4 节中进行介绍。

图 12-26　程序包验证通过

12.4　提交应用程序

应用程序包创建好之后，就可以将其上传到商店中了。本节就来介绍如何将程序包上传到商店中，并让微软测试团队对其进行测试。

★ 提 示　当程序包通过微软测试之后，就可以发布到商店中，供用户下载使用了。

选中 VisualStudio 2012 菜单 "应用商店" 中的 "上载应用程序包"，会启动浏览器，如果还没有登录微软账户，会提示登录，输入微软账户和密码就可以进行登录。成功登录之后，可以看到如图 12-27 所示界面。

可以看出，共有 8 个步骤需要完成，分别是：应用名称、销售详情、高级功能、年龄段分级和分级证书、加密、程序包、提要和测试人员注意事项。其中步骤 1 应用名称已经在 12.3.1 节中完成了，所以在本节中只需要完成剩下的 7 个步骤就可以提交应用程序了。注意观察图 12-27 的底部，有两个灰色的按钮：【查阅版本信息】和【提交以进行认证】，当所有的步骤都保存完毕之后，这两个按钮就可以选择了。下面来看看这 7 个步骤的详细内容。

1 销售详情

单击 "销售详情" 选项，可以看到如图 12-28 所示界面。在该界面中，主要进行价格段、销售市场范围，以及应用程序的发行日期和类型设置。

BVWin8: 版本 1

应用名称
销售详情
高级功能
年龄段分级
加密
程序包
提要
测试人员注意事项

新闻

新 Windows ACK
强力证据设置
避免常见证书错误
让你的应用走向全球
怎样提交应用

应用名称
你保留了一个应用名称。
你也可以为应用保留另一个名称以便在其他语言中使用，或者更改应用名称。
了解更多信息
完成

销售详情
选取应用价格、列表类别以及要在哪些地方销售该应用。
了解更多信息
5 分钟

高级功能
配置推送通和和 Live 服务，并定义应用内付费内容。
了解更多信息
5 分钟

年龄段分级和分级证书
对你的应用的受众进行描述，并上载你的分级证书。
了解更多信息
5 分钟

加密
声明你的应用是否使用加密并启用程序包上载。
了解更多信息
5 分钟

程序包
将你的应用上载到 Windows 应用商店。
要启用此步骤，请完成 "加密" 页面。
了解更多信息
30 分钟

提要
向你的用户简单地描述你的应用能做些什么。
了解更多信息
30 分钟

测试人员注意事项
针对那些将要审阅你的应用的人，添加与此版本有关的注释。
了解更多信息
2 分钟

查阅版本信息　　提交以进行认证

图 12-27　提交应用程序主界面

BVWin8: 版本 1

应用名称
销售详情
高级功能
年龄段分级
加密
程序包
提要
测试人员注意事项

新闻

新 Windows ACK
强力证据设置
避免常见证书错误
让你的应用走向全球
怎样提交应用

销售详情
选取应用的价格段、免费试用期以及要在哪些地方销售该应用。

价格段确定客户在 Windows 应用商店中看到的销售价格。你的客户将看到以他们的本币表示的销售价格。客户支付的价格以及同你支付的金额可能因国家/地区而异。了解详细信息

价格段 * ❓
选取价格段 ▼

免费试用期 * ❓
无试用版 ▼

市场 ❓
全选

☐ 阿尔及利亚	☐ 阿根廷	☐ 阿拉伯联合酋长国
☐ 阿曼	☐ 埃及	☐ 爱尔兰
☐ 爱沙尼亚	☐ 奥地利	☐ 澳大利亚
☐ 巴基斯坦	☐ 巴林	☐ 巴西
☐ 保加利亚	☐ 比利时	☐ 波兰
☐ 丹麦	☐ 德国	☐ 俄罗斯
☐ 法国	☐ 菲律宾	☐ 芬兰

图 12-28　销售详情

按照图 12-28 中的提示进行相关设置，然后单击页面底部的【保存】按钮，就完成了销售详情的设置。

2 高级功能

单击"高级功能"选项，可以看到如图 12-29 所示界面。在该界面中，主要进行推送通知和 Live Connect 服务的配置，并定义应用内付费内容。

图 12-29　高级功能

按照图 12-29 中的提示进行相关设置，然后单击页面底部的【保存】按钮，就完成了高级功能的设置。

3 年龄段分级和分级证书

单击"年龄段分级和分级证书"选项，可以看到如图 12-30 所示界面。在该界面中，主要进行应用程序年龄段分级设置及分级证书上传。

★ **提示**　分级证书主要用于游戏应用程序。

图 12-30　年龄段分级和分级证书

同样，完成设置之后，单击底部的【保存】按钮，即可完成该步骤的设置。

4 加密

单击"加密"选项，可以看到如图 12-31 所示界面。在该界面中，主要进行应用程序加密支持情况的设置。如果支持就选择"是"，否则选择"否"。然后勾选上发布区域的技术限制复选框。最后单击【保存】按钮，即可完成该步骤的设置。

图 12-31　加密

5 程序包

单击"程序包"选项，可以看到如图 12-32 所示界面，在该界面中可以上传 12.3.2 节创建出来的应用程序包。将程序包拖放到图中的方框内，就可以上传程序包了。

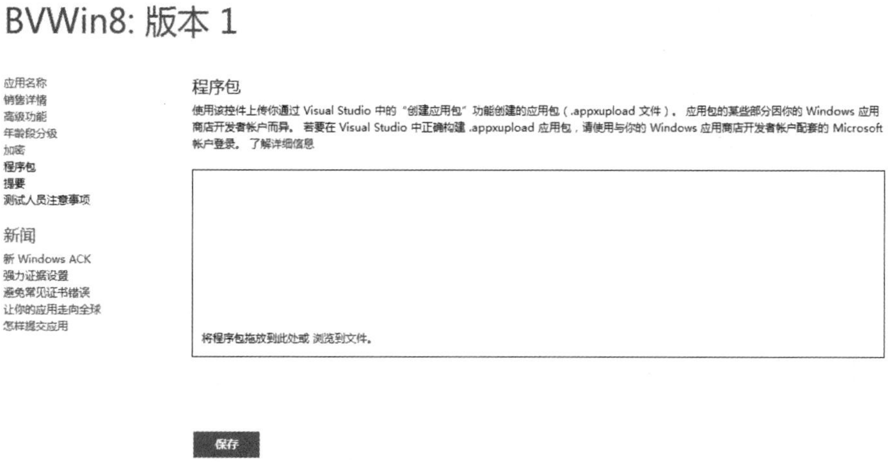

图 12-32　上传应用程序包

程序包上传完毕之后，会出现如图 12-33 所示界面，单击【保存】按钮就完成了程序包的上传。

已上载程序包

文件名	标识符	版本	体系结构
BVWin8_1.0.0.0_AnyCPU.appxupload 我们已上载程序序包。	40545.BVWin8	v1.0.0.0	neutral ✕

图 12-33　已上传程序包

6 提要

单击"提要"，可以看到如图 12-34 所示界面。在该界面中，主要用来填写应用程序的提要、功能描述，屏幕截图、版权和商标信息以及支持人员的联系信息等。按照界面中的描述进行操作即可。上面这些信息都填写完之后，单击页面底部的【保存】按钮就完成了提要的设置。

图 12-34　应用程序提要信息

7 测试人员注意事项

单击"测试人员注意事项"选项，可以看到如图 12-35 所示界面。该界面主要用来提示微软测试人员测试时的注意事项，例如测试程序所需要的账号和密码、程序功能的大致描述等。这些信息可以帮助测试人员快速地完成程序的测试。

图 12-35　测试人员注意事项

填写完成之后，单击页面底部的【保存】按钮即可。

至此所有的步骤都已经完成，可以看到所有的步骤前面都有如图 12-36 所示的图标。该图标表示某个步骤已经完成操作了。

现在可以看到图 12-27 涉及的提交应用程序主页面底部有两个按钮（"查阅版本信息"和"提交以进行认证"）已经可以选择了。单击"查阅版本信息"可以查看上面 7 个步骤设置的详细信息。单击"提交以进行认证"就可以完成应用程序的提交了。后续的步骤由微软测试人员进行，一般 5 个工作日就可以知道程序的测试结果了。

图 12-36　步骤设置完成提示符

12.5　结束语

本章首先介绍了 Windows 应用商店，然后详细描述了如何进行开发者账户的申请、准备提交应用程序和提交应用程序。

通过本章的学习，读者可以很轻松地将自己开发的应用程序发布到商店中。

参 考 文 献

Charles Petzold. Programming Windows, Sixth Edition. Washington：Microsoft Press，2013.

Mike Halsey. Beginning Windows 8. New York：Apress，2012.

Kyle Burns. Beginning Windows 8 Application Development. Washington：Apress，2012.

István Novák，György Balássy，Zoltán Arvai，Dávid Fülöp. Beginning Windows 8 Application Development. Indianapolis：John Wiley & Sons，Inc，2013.

Nico Vermeir. Windows 8 App Projects - XAML and C# Edition. New York：Apress，2013.

Jeff Blankenburg，Clark Sell. 31 Days of Windows 8. http://31daysofwindows8.com/.